사소하지만 중요한

남극동물의
사생활 -킹조지섬 편

The Private Life of Antarctic Wildlife
-King George Island

Korea Polar Research Institute

남극생물학자의 연구노트 01

사소하지만 중요한
남극동물의
사생활 -킹조지섬 편

The Private Life of Antarctic Wildlife
-King George Island

김정훈 지음

GEOBOOK 지오북

머리말

　2004년 6월경, 서산 간월호에서 쇠제비갈매기의 번식생태 조사를 마치고 학교로 돌아갈 준비를 마칠 무렵 선배이신 김현태 선생님으로부터 전화 한 통을 받았다. "극지연구소에서 바닷새 연구자를 찾는다는구나. 남극에 가서 새 조사 해볼 생각 없어?" 이전 해 12월에 전재규 대원의 안타까운 사고가 발생했던 터라 머릿속은 복잡했지만 마음은 이미 남극을 향해 있었다. 하지만 그땐 몰랐다. 남극이란 곳은 가고 싶다고 마음대로 갈 수 있는 곳은 아니지만, 한 번 발을 내디디면 그곳이 계속 나를 부른다는 것을…… 킹조지섬에 약 10여 년간 불려 다니고 나니 그 이후에는 남극대륙이 연이어 초청하고 있다. 나는 이를 거절하지 못해 매년 남쪽으로 향한다. 이 글을 쓰고 있는 2018년은 내가 남극 조사를 수행한 지 14년째가 되는 해이다. 뒤돌아보니 어느새 나는 남반구의 겨울에는 한국에 머물고 여름에는 남극을 찾아가는 철새가 되어 있었다.

　처음 바닷새 조사를 의뢰받았을 때 당연히 펭귄 연구 임무가 주어질 것이라 기대했다. 그러나 연구팀을 이끄시는 정호성 박사께서는 이름도 생소한 '스쿠아(Skua, 도둑갈매기)'를 조사하라고 하셨다. "그 녀석들이 말이야, 좀 사나운데 감당할 수 있겠어?"라며 살짝 겁을 주신다. '제깟 놈들이 거칠어 봐야 갈매기지.'라고 과소평가했는데 현지에서 몇

2018년 11월 30일, 남극대륙의 케이프 할렛 캠프

텐트 안에서 원고를 작성 중인 나

대 얻어맞고 보니 이 녀석들이 왜 '남극의 매'라 불리는지 알 수 있었다. 처음에는 도둑갈매기들에게 위축되어 조사 나가기가 부담스러웠지만 포획작업이 시작되면서 상황이 역전되어 이들이 나를 두려워하게 되었다. 개체인식 가락지를 부착하고 몸의 크기를 측정하려면 이 녀석들의 포획은 피할 수 없는 조사과정이기 때문이다. 이제는 날아가는 녀석들을 맨손으로 잡아챌 정도의 포획기술도 습득했다. 도둑갈매기의 조사법을 전수해주신 독일 예나대학(University of Jena)의 한스(Hans-Ulrich Peter) 교수님과 그의 연구팀원들은 나를 '스쿠아킴(Skua Kim)'이라 불러주었고, 이는 킹조지섬에서 만난 국내외 연구자들이 나를 부르는 애칭이 되어버렸다.

10여 년 동안 다양한 연구사업에 참여하면서 펭귄을 비롯한 다양한 동물을 조사할 기회가 마련되었다. 예전에는 그냥 지나치거나 자세히 관찰할 수 없었던 남극동물들의 생존방식들이 보이기 시작했다. 처음에는 매우 특이하다고 생각되었던 행동, 생태, 생리적인 특성들은 표출되는 방식이 좀 다를 뿐 인간의 그것과 본질이 같다는 것을 깨닫게 된다. 생물에게 있어서 불필요하고 하찮게 보일지라도 이유나 기능이 없는 생명현상이란 없다는 것도 알게 된다. 또한 인간의 관점에서 생물 종의 이미지를 평가하는 것이 얼마나 어리석은 일인가도 생각하게 된다. 예전에 펭귄마을을 방문하셨던 어느 분께서 이런 말씀을 하셨다. "스쿠아가 펭귄을 잡아먹네! 펭귄을 보호하려면 저기 있는 스쿠아를 모두 잡아 죽이면 되는 거 아니야?" 너무나도 당황스러운 발언에 뭐라 반박조차 하지 못했다. 그럼 크릴을 보호하려면 펭귄을 모두 죽여 버리면 되는 건가? 이는 일반인들에게 남극 생태계의 구조와 기능에 대한 정보를 알기 쉽게 전달하지 못한 생태학자들의 책임이 크다.

나는 이 책의 원고만 전달하고 머리말을 완성하지 못한 채 남극대륙의 케이프 할렛(Cape Hallett)이라는 아델리펭귄 번식지로 떠났다. 눈이 많이 내리는 날 밤 텐트 속에서 원고를 다시 읽으며 킹조지섬에서 있었던 옛일을 회상해본다. 한동안은 남극대륙의 펭귄 번식지에서 연구영역을 개척하느라 킹조지섬에 자주 갈 수 없게 되어 아쉽다. 시간이 흘러 많은 기억이 사라지기 전에 킹조지섬의 동물들에 관한 이야기를 남길 수 있어 매우 행복하다. 현장에서 촬영된 사진을 중심으로 전개되는 이 남극동물의 이야기가 어떤 의미에서는 사소할 수도 있겠지만 매우 중요한 동물들의 생존방식을 이해하는 데 도움이 되었으면 한다.

케이프 할렛 캠프에서, 김정훈

차례

제3부 배설도 기상천외한 생존의 기술

제4부 뜻밖의 만남이 더욱 반가운 이유

마리안 소만

남극물개 미라
발견 장소

잡종
도둑갈매기 둥지

크릴 폐사지역

남극도둑갈매기
첫 조사 둥지

갈색도둑갈매기
결투장

대왕여

표범물범 사체
발견 장소

세종봉
255m

백두봉
290.5m

집참새와 칠레홍머리오리
방문지

임금펭귄
방문지

세종곶

세종기지

남방큰풀마갈매기 둥지

아 라 온 곡

고구려봉
187.9m

신라봉
197.1m

발해봉
203,5m

전재규봉
160.2m

백제봉
200.2m

어린 남방큰재갈매기
휴식지

남극제비갈매기 둥지
분포지역

가야봉
123.6m

나래절벽

아리랑봉
177m

갈색도둑갈매기
서식지

남극특별보호구역 No. 171
나레브스키 포인트

나비봉
131,8m

화석봉
115.9m

칼집부리물떼새
번식지

촛대바위

해운대해변

맥스웰 만

남방큰풀마갈매기
동족포식

펭귄마을

남독도

알락풀마갈매기
서식지

축 척   1 : 10,000

200   0   200   400   600   800m

고래 척추뼈

남극대륙

킹조지섬

케이프 할렛 캠프

장보고기지

남극점

킹조지섬

펭귄 아일랜드

세종기지

바튼반도

빙하후퇴지역
(남방큰재갈매기 번식지)

북극제비갈매기
발견지

N

W   E

S

바톤반도
동물의 주요 서식지

해표마을

바톤반도의 동물들

바톤반도에는 더 많은 종의 동물들이 서식 또는 관찰되지만,
여기에는 이 책에 등장하는 주요 동물들만을 정리하여 소개하였다.

갈매기과
남극제비갈매기

번식 깃은 북극제비갈매기와 구별하기 어려
우나, 남극에서 북극제비갈매기는 남극제비
갈매기와 달리 비번식 깃을 가지기 때문에
쉽게 구별할 수 있다. 바톤반도 주변의 자갈
밭이나 해안가에서 주로 집단으로 번식하
며, 포식자나 사람이 번식지로 침입하면 모
두 날아올라 방어행동을 한다. 위장색을 띠
고 있어 알을 발견하기 어렵기 때문에 번식
지 주변에서는 조심해야 한다.

도둑갈매기과
갈색도둑갈매기

남극 생태계의 최상위 포식자이다. 번식기
에 둥지로 접근하면 공격받을 수 있다. 전체
적으로 갈색을 띠며, 남극도둑갈매기에 비해
크다. 펭귄의 사체나 어린 새끼, 알 등을 포
식한다. 크릴이나 남극은암치를 먹기도 하며
때때로 동족포식을 하기도 한다. 펭귄마을
외곽에 주로 번식하며, 펭귄마을에서 번식하
는 개체들은 펭귄의 번식 소집단을 각각 취
식영역으로 보유하며, 다른 포식자의 침입을
막는다.

갈매기과
남방큰재갈매기

연령대별로 뚜렷한 외형의 차이가 있어, 외
형만으로 연령대를 쉽게 구분할 수 있다. 노
란색의 부리, 그 끝의 붉은 반점은 남극 해
안지역에서 남방큰재갈매기 성조만이 지닌
모습이다. 간혹 펭귄 번식지에서 펭귄 새끼
를 포식하기도 한다. 바톤반도의 남동쪽 포
터 소만 빙하후퇴지에서 많은 수가 번식하
며, 지구온난화의 영향으로 남방큰재갈매기
의 번식지는 점점 확대되고 있다.

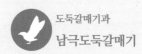
도둑갈매기과
남극도둑갈매기

갈색도둑갈매기와 함께 남극의 최상위 포식
자이다. 매우 공격적이기 때문에 번식 둥지
근처로 접근할 때는 주의해야 한다. 최상위
포식자라는 명성에 걸맞게, 펭귄이나 동족을
잡아먹는 무서움을 보이기도 한다. 그러나
갈색도둑갈매기에 비해 작은 편으로, 갈색도
둑갈매기와 공존하는 지역에서는 펭귄보다
어류를 주로 사냥하며 살아간다. 세종기지
인근의 담수호에서 많은 개체가 휴식한다.

도둑갈매기과
잡종도둑갈매기

남극도둑갈매기와 갈색도둑갈매기의 혼합번
식쌍에서 태어난 개체들이다. 야생에서 잡종
이 짝을 만나 자손을 남길 확률을 매우 낮지
만, 잡종개체가 부모 종과 번식을 하는 역교
배가 이곳 도둑갈매기 사이에서는 흔하게 관
찰된다.

슴새과
남방큰풀마갈매기

바톤반도에서 관찰되는 비행 조류 중 가장
큰 종이다. 사람의 침입에 매우 민감하여 접
근 시 둥지를 버리고 달아나거나 또는 고약
한 냄새를 풍기는 위장 기름을 토해낸다. 펭
귄 새끼 또는 펭귄 사체를 먹는다. 번식기에
는 둥지를 비울 경우 새끼가 도둑갈매기에게
포식될 확률이 높기 때문에, 둥지 주변에 접
근하지 않는 것이 좋다. 바톤반도 절벽지역
이나 능선의 정상부에서 번식한다.

슴새과
알락풀마갈매기

남빙양에서 가장 흔하게 관찰되는 종이다.
머리는 검고 둥글며, 상체와 날개 윗부분에
는 얼룩무늬가 있어 다른 종과 혼동되지 않
는다. 바톤반도 남쪽 해안에 위치한 돌섬(남
독도)의 바위절벽에 둥지를 틀며 흰색의 알
하나만 낳는다. 부화한 지 며칠 되지 않은 새
끼들은 머리털이 거의 없는 독특한 외형을
하고 있다. 둥지에 접근 시 남방큰풀마갈매
기처럼 위장 기름을 뱉어내는 행동을 한다.
포식자의 공격에 날렵하게 대응하지 못해 매
년 많은 개체들이 도둑갈매기들에게 희생당
한다.

칼집부리물떼새과
칼집부리물떼새

남극에 서식하는 조류 중 유일하게 물갈퀴
가 없고, 부리 주변에 무사마귀 같은 돌기들
이 퍼져 있다. 흰색을 띠는 몸 색깔과 땅위에
있는 먹이를 부리로 쪼면서 걸어 다니는 행
동 때문에 '남극의 비둘기'라는 애칭이 있다.
펭귄의 소화되지 않은 배설물과 펭귄 사체를
먹는다. 번식기에는 대부분 펭귄마을에서 시
간을 보내며, 비번식기간인 겨울에는 세종기
지 주변에서도 관찰된다.

펭귄과
젠투펭귄

비교적 온순하고, 겁이 많아 사람이 접근하면 둥지를 이탈한다. 교란시간이 길어지면 포란 중인 알이나 새끼가 동사하거나 도둑갈매기의 먹이가 될 수 있으므로 둥지 접근을 자제해야 한다. 매년 세종기지에서 약 2km 떨어진 펭귄마을의 내륙에서 번식한다. 9월 말~10월 초에 번식지로 돌아오며, 다음 해 3월 이후가 되면 번식지를 떠난다.

펭귄과
임금펭귄

황제펭귄 다음으로 키가 크고 체중이 많이 나간다. 황제펭귄과 흡사하게 생겼으나 목 부분의 무늬색이 다르며, 어린 새끼의 생김새도 다르다. 바톤반도에는 서식하지 않으며, 때때로 관찰되는 임금펭귄은 이동 중 길을 잃은 개체들인 것으로 추정된다. 최근 포터반도의 스트레인저 포인트에서 한 쌍이 번식하고 있다.

펭귄과
턱끈펭귄

눈과 턱 부분에 가는 검은색 선이 이어져 있어 턱끈펭귄으로 불린다. 펭귄 중에서도 공격적인 성향이 두드러지는 종으로, 번식기 동안에 특히 공격적이다. 둥지에 접근하면 부리로 쪼거나 날개로 때리는 행동을 한다. 젠투펭귄과 마찬가지로 펭귄마을에서 번식하지만 함께 섞여서 살지는 않고, 해안가 쪽에 번식한다. 젠투펭귄보다 늦은 10월 초부터 번식지에서 관찰된다.

펭귄과
황제펭귄

펭귄 중 몸집이 가장 크다. 귀 부분이 선명한 노란색인 것이 특징적이며 가슴 부위는 옅은 노란색이다. 윗부리는 검은색, 아랫부리는 분홍색, 주황색 또는 라일락색이다. 어린 개체는 전체적으로 은회색 솜털로 덮여 있다. 킹조지섬에 서식하지는 않으나, 가끔 길을 잃어 필데스반도에 예기치 않은 방문을 하기도 한다. 바톤반도에서는 아직 공식적으로 관찰된 기록이 없다.

물개과
남극물개

나이와 성별에 따라 몸집 크기와 털 색깔에 변이가 심하다. 육상에서도 빠르게 이동 가능하며, 사람도 두려워하지 않아 가까이 다가가면 위협행동을 한다. 주로 물고기를 잡아먹으며, 색깔이 어두워 바위로 오인하여 접근할 수 있으므로 출현시기에는 해안에서의 행동 시 주의해야 한다. 접근하면 입을 벌려 위협하거나 냄새가 지독한 트림을 한다. 1월 중순 이후로 바톤반도 주변에서 관찰되기 시작한다.

물범과
남방코끼리물범

바톤반도에서 관찰되는 물범 중 가장 크다. 나이와 성별에 따라 몸집 크기에 변이가 큰 편이며, 몸 색깔이 갈색, 회색 등 다양하다. 사람이 다가가면 입을 벌려 위협한다. 바톤반도의 동쪽 끝, 일명 '해표마을'에 암컷과 어린 개체들이 모여 있는 것이 관찰된다. 주요 번식지는 인근 포터반도와 바다 건너 필데스반도로 알려져 있다.

물범과
표범물범

남극 해양 최상위 포식자로 물고기, 펭귄 등을 먹는다. 육지에 있을 때는 그리 사나워 보이지 않으나, 물속으로 들어가는 순간 돌변한다. 펭귄마을 앞바다에서 펭귄을 포식하는 모습이 자주 관찰된다. 사람을 공격한 사례도 있기 때문에 잠수 등 해양에서의 연구활동 때 주의해야 한다. 바톤반도 주변의 유빙에서 휴식을 취하는 표범물범을 종종 관찰할 수 있다. 뭍으로 올라오는 경우는 드물다.

난바다곤쟁이과
남극크릴

남극 생태계에 없어서는 안 되는 중요한 존재이다. 남극에 서식하는 대부분의 동물들은 크릴을 주요 먹이원으로 삼는다. 빙하가 녹은 물이 바다로 유입되면서 때때로 크릴의 집단 폐사를 야기하기도 하는데, 이 때가 되면 많은 새들이 한 곳으로 모여든다. 펭귄은 주로 크릴을 잡아먹는데, 이로 인해 붉은색의 배설물을 배출하여, 펭귄마을을 멀리서 바라보면 붉은색으로 보인다.

킹조지섬의 동물식구들

초등학교에 강연을 나가면 학생들에게 질문을 던진다. "남극에는 어떤 동물들이 살고 있을까요?" 대답은 거의 펭귄, 물범, 고래, 크릴로 압축된다. 그러나 그곳에는 일반인들이 생각하는 것보다 다양한 동물들이 살고 있다. 아무도 살 수 없을 것만 같은 척박한 곳이지만 다양한 지형 내에서의 종 특이적인 번식지 선택, 이용 가능한 먹이 생물 분포, 경

남극특별보호구역 나레브스키 포인트의 펭귄 번식지(일명 펭귄마을)

젠투펭귄

턱끈펭귄

나레브스키 포인트
펭귄마을의 거주민들

다 내주어도 아깝지 않은 자식을 위한 마음

쟁과 타협 등은 이곳의 생물 다양성을 풍부하게 유지시키는 원동력
이다.

세종기지가 위치한 사우스세틀랜드 제도와 남극반도만 하더라도 5
종의 펭귄류, 6종의 풀마갈매기류, 2종의 바다제비류, 1종의 가마우지
류, 1종의 칼집부리물떼새, 2종의 도둑갈매기류, 1종의 갈매기류, 1종
의 제비갈매기류(이상 Shirihai 2008), 1종의 알바트로스(Lisovski et al.
2009) 등 총 20종의 조류가 번식하는 것으로 알려져 있다.

이 외에도 이동 중이거나 길을 잃고 찾아온 새들도 종종
관찰되고 있으며, 또한 남방코끼리물범을 포함한 5종의 물
범류도 해안이나 바다얼음 위에서 새끼를 키워내고 있다.

그중에서 가장 많이 살고 있는 종은 역시 펭귄들이다.
세종기지 인근 나레브스키 포인트(Narębski Point)에는 약

인간 못지않은 펭귄의 열정적인 사랑과 자식을 위한 헌신

2,300여 쌍의 젠투펭귄과 3,000여 쌍의 턱끈펭귄이 모여 사는 일명 '펭귄마을'이 자리 잡고 있다. 이곳은 생태적 보존 가치가 높다고 평가되어 2009년 제32차 남극조약협의당사국회의(Antarctic Treaty Consultive Meeting, ATCM)에서 남극특별보호구역(Antarctic Specially Protected Area, ASPA)으로의 지정이 승인되었다(ASPA No. 171 나레브스키 포인트). 우리나라는 보호구역 지정 신청국으로서 이 지역의 모니터링 및 관리를 담당하고 있다. 펭귄들은 극지환경변화를 반영하는 크릴 의존성 지표종이고, 도둑갈매기 등 상위 포식자의 주요 먹이원이며, 또한 번식지의 토양과 인근 해역의 유기물 공급원으로서 생태계 내에서의 중요한 역할을 담당하고 있다.

우리와 다르지 않은 극지동물이 사는 모습

남극동물들의 살아가는 방식은 인간들과 크게 다를 것 같지만 자세히 들여다보면 너무나도 닮았다. 배고프면 먹고, 소화가 다 되면 배설하며, 목이 마르면 마시고, 콧물도 흘리는 등 그들의 생리적인 생활패턴이 우리와 다를 바가 있는가?

화산폭발, 홍수, 지진 및 해일 등의 피해가 잦은 지역에 살면서도 그곳을 떠나지 않고 대대손손 수백 년간 마을을 지켜온 사람들이 있듯이 남극의 펭귄들도 혹독한 기상이변으로 인한 참사에 굴하지 않고 자신의 생활터전을 지켜나간다.

불로장생을 꿈꾸었던 절대 권력의 진시황도 피하지 못했던 죽음은 남극 생태계의 최상위 포식자인 표범물범에게도 공평하게 찾아온다. 진시황은 후손들에게 만리장성이라는 유산을 물려주었고 표범물범은 다른 동물들에게 자신의 살을 먹잇감으로 남겨주고 떠난다.

어린 아이들을 양육하고 있는 아빠와 엄마들에게 극지동물들의 헌신적인 자식사랑은 남의 이야기가 아닐 것이다. 좋은 배우자를 맞이하기 위해 경쟁자와 치열하게 싸우고, 주거지에 무단으로 침입한 침입자를 처절하게 응징하는 도둑갈매기들의 모습이 낯설지만은 않다. 정약용의 저서 『민보의(民堡議)』에는 성을 지키기 위한 일종의 화학무기인 똥대포

(분포, 糞砲) 사용법이 소개되어 있는데 남방큰풀마갈매기도 둥지를 지키기 위해 고약한 냄새를 풍기는 액체무기를 사용할 줄 안다.

킹조지섬에는 우연히 또는 사고로 인해 방문하게 된 새들이 있다. 임금펭귄은 최근에 킹조지섬에서 번식을 시작했고, 칠레홍머리오리는 잠시 들렀다가 되돌아간 것으로 추정되며, 집참새와 황로는 이곳에서 쓸쓸한 최후를 맞은 것으로 보인다. 교통이 발달하지 않았던 조선시대에 풍랑을 만나 배가 좌초되어 우리나라에 오게 된 네덜란드인들의 이야기를 듣는 것 같다. 이들 중 박연(얀 야너스 벨테브레이, Jan Janesz Weltevree)은 조선에 귀화하여 후손을 남겼고, 헨드릭 하멜(Hendrik Hamel)은 적응하지 못해 본국으로 돌아갔으며, 일부 동료들은 이 땅에 뼈를 묻었다고 한다.

이처럼 우리와 다르지 않은 극지동물들의 생존 방식과 역사를 이해한다면 이들을 존중하고 보호해야 하는 이유를 이해할 수 있으리라 기대한다.

동물들과 공존과 보존을 위하여

남극 육상의 곳곳에서 과학기지가 운영되고 남빙양의 원양어업이 지속되는 한 인간과 동물간의 충돌 빈도는 점점 더 높아지게 될 것이다. 국제사회는 남극조약 시스템 하에서 남극환경의 보전을 위한 노력을 하고 있으며, 가입국은 포괄적인 남극환경 보존을 명시한 환경보호의정서(EU 외 24개국 가입, 우리나라는 1985년 가입), 남극물개보존협약(Convention for the Conservation of Antarctic Seals, CCAS), 남극해양생물자원보존협약(Convention for the Conservation of Antarctic Marine Living Resources, CCAMLR) 등에 의거하여 보존조치를 이행하고 있다.

남극 세종기지에서 활동하는 연구원들도 동물들에 대한 교란을 줄이려는 실질적인 노력에 동참할 필요가 있다. 동물의 주요 서식지 위치, 방어행동, 보호색의 특성에 대해 관심을 가지고 이해하려고 노력한다면 이들과의 불필요한 충돌을 피하고 서식지를 보존할 수 있을 것이다. 또한 전 지구적인 환경변화가 극지 생태계에 미치는 영향을 파악하기 위한 장기 모니터링 수행도 지속되어야 한다. 특히 개체 수 변동, 계절 이동의 패턴 변화, 아남극권에 서식하는 종의 출현 빈도, 외래종 유입 등에 대한 조사와 정보 공유는 매우 중요한 자료가 될 것이다. 이를 위해 나는 킹조지섬에 서식하는 동물들에 관한 다양한 생태 정보를 제공하고자 한다.

여기에서부터는 펭귄이 놀라지 않도록 조심하셔야 합니다.

제1부

킹조지섬 동물가족의 탄생과 죽음

여보, 수상한 녀석이야!
빨리 돌아와~

어떤 녀석이 우리
가족을 건드려?

펭귄마을에 닥친 시련

누구나 알고 있는 사실, '남극은 춥고 눈이 많이 내리는 곳이다.' 그리고 이곳에 사는 동물들은 추위와 눈에 적응해서 살아남았다는 것도 알고 있다. 하지만 가끔은 급격한 환경변화를 극복하지 못해 비극적인 상황이 발생하곤 한다.

2006년과 2007년에는 예년에 비해 눈이 많이 내렸다. 그해의 하계 조사기간 초기에는 세종기지에서 줄곧 20여 분이면 갈 수 있던 펭귄마을을 1시간 넘게 걸어서 겨우 도착하기도 했다.

남극에서 황제펭귄(*Aptenodytes forsteri*)을 제외한 모든 조류는 눈이나 얼음이 없는 육상에서 번식을 한다. 이곳에서 살고 있는 젠투펭귄(*Pygoscelis papua*)과 턱끈펭귄(*Pygoscelis antarcticus*)도 예외는 아니다. 성공적인 부화를 위해서는 알을 항상 따뜻하게 보호해줘야 하기 때문에 차가운 눈이나 얼음 위에 알을 낳을 수는 없다. 이들은 언덕같이 비교적 높은 곳에 작은 돌을 쌓아올려 둥지를 짓는다. 남극에는 늘 강한 바람이 불어 눈이 내리더라도 비교적 높은 곳에는 쌓이지 않고 쓸려나가기 때문에 둥지보다 높게 쌓이는 경우는 드물다. 또한 작은 돌로 지어진 둥지에는 빈 공간이 많아서 눈이 녹게 되더라도 물 빠짐이 좋기 때문에 알이 젖어서 차가워지는 것을 방지할 수 있다.

그러나 항상 예외상황은 있다. 흔한 경우는 아니지만 알을 품는 기간 동안에 찾아오는 갑작스러운 폭설은 이들을 당황하게 한다. 눈이 둥

아이고, 무릎이야!
오늘의 조사는 그만
포기할까?

1 펭귄마을로 가는 길. 하필 조사기간에 내린 폭설이 원망스럽다.
2 결국 발걸음을 멈춰버린 나. 엄청난 양의 눈은 우리의 체력을 빠르게 저하시킨다.
3 걸어온 흔적이 그대로 남은 눈길. 어떻게 저길 걸어왔나 싶은 생각이 든다.

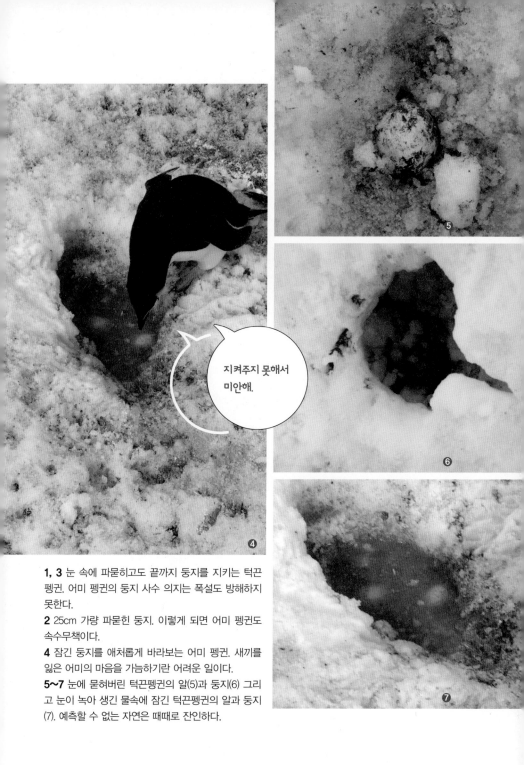

지켜주지 못해서 미안해.

1, 3 눈 속에 파묻히고도 끝까지 둥지를 지키는 턱끈펭귄. 어미 펭귄의 둥지 사수 의지는 폭설도 방해하지 못한다.

2 25cm 가량 파묻힌 둥지. 이렇게 되면 어미 펭귄도 속수무책이다.

4 잠긴 둥지를 애처롭게 바라보는 어미 펭귄. 새끼를 잃은 어미의 마음을 가늠하기란 어려운 일이다.

5〜7 눈에 묻혀버린 턱끈펭귄의 알(5)과 둥지(6) 그리고 눈이 녹아 생긴 물속에 잠긴 턱끈펭귄의 알과 둥지(7). 예측할 수 없는 자연은 때때로 잔인하다.

지 높이 이상으로 쌓이면서 이들의 시련은 시작된다. 점점 쌓여가는 눈은 알을 품는 어미들을 둘러싸게 되고 심지어 어떤 어미는 눈 속에 파묻혀 버리게 된다. 하지만 어미들은 알과 둥지를 지키기 위해 둥지를 떠나지 않는다.

이러한 상황에서 어미가 끝까지 자리를 지켰던 둥지들은 무사할까? 안타깝게도 일부 둥지의 알들은 폭설을 이겨내지 못했다. 눈이 녹으면서 둥지에 고인 물이 배수가 되지 않아 결국 알들은 물에 잠겨버리고 만다. 배 발생 중에 장시간 물에 잠긴 채로 차갑게 식어버린 알에서 새끼가 살아남기는 어렵다. 턱끈펭귄의 평균 포란온도는 37.38 ± 0.52℃(범위 $34.8 \sim 38$℃)이지만(Haftorn 1986) 그 이하의 온도에서는 다른 조류에서 알려진 것처럼 배 발생이 지연될 것이다(Booth 1987). 30℃ 이하의 저온에 장기간 노출될 경우에는 알이 죽을 수도 있다(Booth 1987, Szekely et al. 1994, Engstrand & Bryant 2002). 게다가 알이 물에 잠겨버리면 알 속의 배아(embryo)가 호흡하면서 이산화탄소와 산소를 교환하는 알껍데기의 미세구멍(eggshell pore)을 막아버려 질식사하게 된다. 펭귄 부모들의 한해 자식농사가 실패로 돌아가는 순간이다.

일순간의 폭설로 알을 잃게 된 펭귄들. 하지만 이들은 이곳에서 오랫동안 번식하면서 자주 겪어왔던 상황이었을 것이다. 그해에는 번식을 실패했지만 포기하지 않고 다음 해에도 또 그다음 해에도 계속 이곳을 찾아와 극한의 환경과 싸워가며 알을 낳고 새끼를 키워갈 것이다. 그것이 지금껏 남극에서 살아남은 펭귄들의 저력이기 때문이다.

야생은 시련을
극복한 자들의 세상이다

어린 생명들의 죽음은 언제나 가슴 아프고 슬픈 사연들을 남긴다. 부화할 때까지 혹한의 날씨와 포식자들로부터 무사히 살아남았더라도 부모로부터 독립할 때까지 더욱 더 위험하고 아슬아슬한 시련들이 기다리고 있다. 안타깝게도 많은 생명들이 이 시련을 이겨내지 못하고 생을 마감한다.

귀엽고 깜찍해서 사람들에게 사랑받는 펭귄 새끼들이지만 남극의 포식자인 도둑갈매기나 남방큰풀마갈매기(*Macronectes giganteus*)에게는 그저 먹잇감에 불과하다. 아직 완전하게 자라지 못해 잘 날지 못하는 남방큰재갈매기(*Larus dominicanus*)의 새끼도 그들의 먹이가 되는 건 마

1 갈색도둑갈매기에게 포식당한 젠투펭귄 새끼. 어린 생명의 죽음은 언제나 가슴 아프다.
ⓒ임완호
2 포식자에게 잡아먹힌 남방큰재갈매기 새끼. 조금만 더 자랐으면 날아서 위험을 피했을지도 모른다.

1~3 다른 남극도둑갈매기에게 잡아먹힌 남극도둑갈매기 새끼. 살아남기 위해서 때로 동족을 잡아먹는 일도 서슴지 않는다.

4~9 어미가 둥지를 비운 사이 다른 남방큰재갈매기에게 잡아먹힌 새끼

찬가지다.

남극 생태계의 최상위 포식자 가문에서 태어났기에 그 누구도 감히 건드리지 못할 것 같았던 도둑갈매기 새끼들도 안전하지 못하다. 다른 종도 아닌 같은 종에게 잡아먹히는 운명을 받아들여야 하는 새끼들도 있기 때문이다. 이러한 행동을 동족포식(Cannibalism)이라고 한다. 야생에서 동족포식은 생존 확률이 희박하다고 생각되는 새끼를 포기하여 잡아먹는 경우(멧돼지, 고슴도치 등), 새끼가 사람의 손을 탄 경우(토끼, 고양이 등), 영역 전쟁 승리 후 패배한 무리를 잡아먹는 경우(침팬지 등), 교미 후 기력이 다해 배우자를 잡아먹는 경우(사마귀 등), 태어나자마자 형제자매를 사냥하는 경우(거미 등), 큰 개체가 작은 개체를 잡아먹는 경우(상어, 코모도도마뱀 등) 등 매우 다양한 형태로 나타난다. 최근 북극에서는 지구온난화로 먹이가 부족해지자 북극곰이 자신의 동족을 잡아먹는 현상이 관찰되곤 한다(Stirling & Ross 2011). 남극에서는 먹잇감이 풍부하지 못하기 때문에 같은 도둑갈매기라는 동족의 식보다 움직이는 것이라면 일단 잡아먹고 보자는 본능이 강하게 작용하는 것으로 생각된다. 심지어 남방큰풀마갈매기도 다른 둥지의 새끼를 잡아먹는 장면이 모니터링 카메라에 잡혔다. 부모가 잠시 자리를 비운 사이 다른 남방큰풀마갈매기가 새끼를 둥지 밖으로 끌어내서 살해했고 얼마 후 먹고 남긴 사체 조각의 일부만 남았다.

어미의 가출이 새끼의 사망을 유발하기도 한다. 어떤 남극제비갈매기 부모는 눈이 많이 내리던 날 둥지를 포기해서 새끼들이 모두 얼어 죽었다. 하지만 왜 부모가 새끼를 두고 둥지를 떠났는지 이유를 알 수는 없었다. 또 어떤 남방큰재갈매기의 부모는 갓 부화한 새끼가 죽었는지도

1 굶어죽은 젠투펭귄의 새끼. 포식자의 공격보다 굶주림이 더 두려운 순간이 있다. ⓒ임완호

2 얼어 죽은 남극제비갈매기 새끼. 눈이 많이 내리던 어느 날, 어미가 둥지를 버리고 떠났다. ⓒ한승필

3 둥지에 남겨진 남방큰재갈매기 새끼의 사체. 어미가 떠난 이유조차 알 수가 없다.

4~5 굶어죽은 남극도둑갈매기의 새끼. 육상의 최강 포식자도 굶주림을 피해갈 수는 없다.

6~7 굶어죽은 남방큰풀마갈매기의 새끼. 위장에서 발견된 것은 소량의 펭귄 깃털이 전부였다.

모르고 새끼를 품었는지 새끼의 사체가 둥지 바닥에 납작하게 깔려있었고 또 다른 죽은 새끼는 둥지 위에 방치되어 있기도 했다.

굶주림 또한 새끼들의 생존을 위협한다. 어미가 크릴을 충분히 먹이지 못했는지 굶어죽은 펭귄 새끼들이 눈에 띈다. 바다에서 남극은암치(Antarctic silverfish, *Pleuragramma antarcticum*)를 사냥하는 남극도둑갈매기들도 충분한 먹이를 공급하지 못하면 새끼들의 죽음을 피하지 못한다. 갑자기 사망한 남방큰풀마갈매기 새끼의 위에는 약간의 펭귄 깃털만 남아있었을 뿐이다.

세상이 어떤 곳인지 제대로 경험해보지도 못하고 가혹하게 생을 마감한 가엾은 생명들. 안타깝지만 야생은 시련을 극복하고 살아남은 자들의 생활 터전이다. 같은 장소, 같은 시기에 똑같이 처한 위기 상황에서 분명 누군가는 살아남아 지속적으로 생명을 이어갈 것이다. 그래서 살아남은 자가 강한 자라고 하지 않던가.

바다의 폭군도
자연의 순리를 따른다

 킹조지섬에서 육상의 폭군이 도둑갈매기들이라면 바다의 폭군은 표범물범(Leopard seal, *Hydrurga leptonyx*)이다. 기지 주변에서도 바다얼음 위에서 낮잠을 자거나 쉬고 있는 녀석들을 종종 만날 수 있는데 그리 사나워 보이지는 않는다. 옆에 펭귄이 있어도 무관심하다. 펭귄들도 이를 아는지 약간의 거리만 두었을 뿐 별로 두려워하는 기색은 없다. 하지만 물속으로 들어가는 순간 이들은 다른 동물들이 두려워하는 공포의 대상으로 돌변한다.

 몸집이 작은 개체들은 주로 크릴, 물고기, 펭귄 등을 잡아먹지만 큰 개체들은 다른 종류의 물범들을 사냥하기도 한다. 길고 날카로운

1~2 얼음 위에서 쉬고 있는 표범물범. 쉬고 있는 물범은 그리 사나워 보이지 않는다. ⓒ이성일(2)

같은 얼음 위에서 쉬고 있는 표범물범과 아델리펭귄.
펭귄도 물범을 그리 두려워하지 않는다.

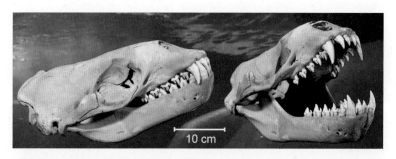

표범물범의 두개골. 대형 동물을 사냥하기 적합한 송곳니와 크릴을 걸러내기에 적합한 삼지창모양의 어금니를 가졌다. ⓒHocking et al. 2013

송곳니와 앞니는 큰 먹이를 잡아먹기에 유용하고, 삼지창모양의 어금니는 크릴 등을 걸러 먹는 필터로 사용된다. 펭귄 사냥은 얼음 언저리에서 동향을 살피다가 펭귄이 물속으로 뛰어 들어가면 바로 쫓아가면서 시작된다. 펭귄을 한입에 삼킬 법도 하지만 사냥감의 피부가 벗겨질 때까지 물고 흔들고 공중에 집어던지는 행동을 한 후에 먹어치운다. 펭귄마을 앞바다에서는 이러한 장면이 종종 목격된다. 이들은 작은 물범들도 사냥하는데 물속에서 날카로운 이빨과 강한 턱으로 물범의 살을 물어뜯는다. 그야말로 바다의 표범이라 할 수 있겠다.

이 난폭한 동물이 남극을 방문한 인간들을 공격한 예도 있다. 1985년에 스코틀랜드의 탐험가 가레스 우드(Gareth Wood)는 표범물범에게 다리를 두 차례 물렸으나 가까스로 살아나왔다. 2003년에는 영국의 생물학자 커스티 브라운(Kirsty Brown)을 수심 61m까지 끌고 들어가 익사시켰다. 이는 표범물범에 의해 인간이 사망한 최초의 사건으로 기록된다. 2007년 12월에는 시야가 흐린 세종기지의 앞바다에서 생물을 채

1~3 사냥을 위해 물속으로 뛰어드는 표범물범. 곧 쫓고 쫓기는 격렬한 추격전이 벌어질 것이다. ⓒ이창섭

4~5 행동이 굼뜬 표범물범. 아주 가까이 다가가지 않는 한 물 밖에 나와 있는 표범물범은 그리 위협적이지 않다. ⓒ고쿠분 노부오

6 얼음 언저리에서 펭귄이 물속으로 들어오기를 기다리는 표범물범. 얼음 위 펭귄은 자신이 위험에 처했음을 알고 있을까? ⓒ이창섭

7~8 물범(7)과 펭귄(8)을 사냥하는 표범물범. 사냥을 시작한 물범은 모든 동물들에게 공포의 대상이 된다. ⓒ고쿠분 노부오

9 표범물범의 사체를 먹어치우는 남방큰풀마갈매기. 악명 높은 폭군도 죽은 뒤에는 한낱 고깃덩어리에 불과하다. ⓒ한승필

10 앙상한 가죽과 뼈만 남긴 남극의 폭군 표범물범의 사체 ⓒ한승필

1~2 인도 갠지스강에서 바라본 바라나시의 화장터. 자연의 순리는 모두에게 동일하게 적용된다.

집하던 과학 잠수사 라승구 박사의 몸을 툭툭 치는 일이 발생해서 급히 물 밖으로 피신했던 일도 있었다.

얼음이나 육상에 올라온 표범물범은 일부러 가까이 다가가지만 않는다면 그리 겁낼 필요가 없다. 물속에서는 빠르게 움직일 수 있지만 땅에서는 행동이 굼뜨기 때문이다. 영화 '해피 피트(Happy Feet)'에서는 얼음 위에 올라온 표범물범이 펭귄들에게 농락당하는 장면이 나오는데 이를 보면 이해할 수 있을 것이다.

강력한 바다의 폭군도 다른 생물과 마찬가지로 죽음을 피하지는 못한다. 또한 사후에는 생전의 명성에 걸맞지 않은 대우를 받는다. 이들도 죽게 되면 한낱 청소동물들의 배를 채워주는 고깃덩어리에 불과하기 때문이다. 남방큰풀마갈매기나 도둑갈매기들은 사망한 지 얼마 되지 않은 표범물범의 살과 내장을 깨끗이 먹어치운다. 결국 이들도 다른 동물들처럼 가죽과 뼈만 앙상히 남길 뿐이다. 생물이라면 그 누구도 '생로병사(生老病死)'라는 순리를 피할 수는 없음을 보여준다. 우리 인간도 예외는 아닐 것이다. 인도 바라나시의 화장터에서 바라보니 죽음은 카스트 계급의 고하를 막론하고 찾아오며, 죽어서는 모두 똑같이 한 줌의 재가 되어 갠지스강으로 흘러들어가더라.

호랑이는 죽어서 가죽을 남기고

'호랑이는 죽어서 가죽을 남기고(虎死留皮), 사람은 죽어서 이름을 남긴다(人死留名).'라는 속담이 있다. 호랑이든 사람이든 사후에도 명예를 남겨 후세에게 오래도록 기억된다는 의미이다. 그렇다면 남극에서 살던 동물들은 무엇을, 그리고 어떤 의미를 남기고 떠났을까?

킹조지섬에는 매우 사나운 남극물개(*Arctocephalus gazella*)가 살고 있다. 특히 번식기에는 더욱 신경질적이기 때문에 야외에서 만나면 피해가는 것이 좋다. 특히 아래턱에 돋아있는 한 쌍의 송곳니는 쳐다보는 것만으로도 등골이 서늘하다.

2005년 1월경 세종기지 맞은편에 있는 위버반도에 갔을 때 가죽과 뼈만 남은 남극물개의 사체를 만났다. 근육과 내장은 이미 청소부 동물들이 먹어치웠는지 거의 남아있지 않았다. 머리에 털과 입가에 굵은 수염 몇 가닥이 남아있는 것을 보니 그리 오래전에 죽은 것 같지는 않았다. 그래도 이 녀석은 18세기와 19세기에 여기에 살았던 선조들에 비하면 평온한 죽음을 맞은 것이다. 그 당시에는 숙녀용 코트 재료로 쓸 양질의 모피를 얻기 위해 남극물개를 멸종 직전까지 남획했었다. 우리는 이렇게 남겨진 모피에 용맹이나 명예와 같은 특별한 의미를 부여하지는 않는다. 다만 국내 곳곳에 남겨진 일제강점기의 잔재처럼, 남극물개들에게 자행되었던 슬프고 원통했던 수탈의 역사를 보여주는 증거물로 남아있을 뿐이다.

남극의 육상동물 중에서도 사납기로 유명한 남극물개. 피해가는 것이 상책이다.

다행히도 현재에는 남극조약(Antarctic Treaty) 시스템 내에서 남극물개보존협약(Convention for the Conservation of Antarctic Seals), 남극해양생물자원보존협약(Convention on the Conservation of Antarctic Marine Living Resources) 등의 국제법에 의해 보호받고 있다.

이곳 킹조지섬에는 과거에 성행했던 고래잡이의 흔적도 남아있다 (Kittel 2001). 고래 한 마리에서 얻을 수 있는 기름과 고기가 풍부했기 때문에 이들도 역시 무분별하게 남획되었다. 주로 애드미럴티만 (Admiralty Bay)의 해안에서 고래 해체작업이 수행되었지만 세종기지 주변에도 포경으로 희생된 고래들의 뼈가 여기저기에 흩어져 있다. 이제는 오래전의 시련을 뒤로 한 채 킹조지섬의 일부가 되어버린 듯 주변 환경과 자연스럽게 어우러져 있다. 남독도로 가는 길목에 남겨진 고래

고래뼈 위에 앉아 쉴 수 있는 사람들이 이 세상에 몇이나 되겠어?

1~2 위버반도에 남겨진 남극물개의 가죽과 유골
3 세종기지 근처에 남아있는 고래의 뼈. 포경으로 희생된 고래로 추정된다.
4, 6 바톤반도에 남아있는 고래 두개골의 일부. 오랜 시간 이곳과 어우러져 이제는 자연의 일부가 되었다.
5 남독도로 가는 길목에 놓여있는 고래의 척추뼈. 장거리를 걸어온 연구자들에게는 소중한 쉼터가 된다.

의 척추뼈들은 세종기지에서 장거리를 걸어온 연구자들에게 안락한 의자를 제공해주기도 한다. 원치 않은 희생으로 이곳에 남게 되었지만, 우리에게 쉼터를 마련해 준 고래에게 미안함과 감사의 마음을 표한다.

여기서 다시 한 번 '호랑이는 죽어서 가죽을 남기고, 사람은 죽어서 이름을 남긴다.'라는 속담을 되뇌어 본다. 영화 「황산벌」에서 계백장군이 전장에 나가기 전에 이 속담을 가족들에게 들려주며 담담히 죽음을 맞으라고 이르지만 장군의 부인이 저항하며 내뱉은 대사가 생각난다. "호랑이는 가죽 때문에 죽고, 사람은 이름 때문에 죽는 것이다." 이곳에서 인간에게 희생된 남극물개와 고래들도 그들이 가지고 있는 매력적인 가죽과 풍부한 기름 및 고기가 살육을 재촉하게 된 것은 아닐까? 하지만 남극 개척 초창기의 슬프고 아픈 역사를 남겼기에 현재에는 그들의 후손들이 보호받고 있는 것인지도 모르겠다.

 # 부화의 순간, 경이로움과 한숨

여름의 남극은 새 생명이 탄생하는 땅이다. 극한 추위와 눈보라, 호시탐탐 알을 노리는 도둑갈매기로부터 살아남은 알들은 병아리를 세상 밖으로 내보낼 준비를 한다.

"톡톡톡" 알의 뭉툭한 쪽 상단에 금이 가고 작은 구멍이 뚫리면서 새끼들이 보이기 시작한다. 자세히 들여다보면 부리가 보인다. 더 자세히 보면 부리 끝에 하얀 돌기가 붙어있다. 이것은 '난치(卵齒)'인데 새끼가 알껍데기를 깨는 데 쓰는 망치와 같은 것이다. 부화 직전인 새끼의 부리는 매우 부드럽기 때문에 난치가 없으면 단단한 알껍데기를 깨고 나오는 것은 매우 어렵다. 조류뿐 아니라 알에서 부화하는 곤충류, 파충류 및 오리너구리 같은 단공류(單孔類)도 난치를 가지고 있는 것으로 알려져 있다. 난치는 부화 후 며칠이 지나면 자연스럽게 떨어져 나간다.

펭귄마을에서도 부화가 시작된다. 펭귄들은 무리를 지어 번식을 하며 거의 비슷한 시기에 산란을 하기 때문에 부화일도 거의 비슷하다. 새끼들이 부화하면 어미들은 먹이를 물어 나르느라 바빠질 것이다.

열심히 알껍데기를 깨고 있는 새끼들은 세상 밖으로 나오기 위해 혼신의 힘을 다한다. 둥지 근처에 가면 "삐약삐약"하며 내지르는 새끼들의 소리를 들을 수 있다. 하지만 간혹 기력이 약한 새끼는 부화 도중 죽어버리기도 한다. 안타깝지만 어느 누구도 도와주거나 관여할 수 없는 일이다.

조금만 더 힘을 내.
여기서 지치면
안 돼.

1~2 부화를 시작한 남극도둑갈매기의 알. 부리 끝을 자세히 보면 흰색의 난치가 보인다.
3 알껍데기를 깨고 나온 남방큰재갈매기의 새끼. 두 번째와 세 번째 알도 부화를 준비하고
있다.
4 알에서 깨어난 젠투펭귄 새끼. 옆으로 아직 부화하지 않은 두 번째 알도 보인다. ⓒ심해섭
5 부화를 시작한 젠투펭귄의 알. 새끼들은 세상 밖으로 나오기 위해 혼신의 힘을 다한다.
6 부화 도중 사망한 남극도둑갈매기의 새끼. 부화의 순간부터 스스로 헤쳐 나가야 하지만 쉽
지 않은 일이다. ⓒ임완호
7 남극 세종기지에서 근무 중에 아이의 출산을 맞이했던 세 사람(좌로부터 김종훈 대원, 필
자, 김홍귀 대원). 웃고 있지만 모두 나와 같은 마음이 아닐까?
8 첫째 아이의 출생 선물. 마음을 다 전하기엔 부족하지만 좋아해주었으면 좋겠다.

나는 수년간 번식생태를 연구해 오면서 많은 생명의 탄생을 보아왔다. 새끼가 밖으로 나오는 순간은 언제나 경이롭다. 그러나 나는 정작 내 첫째 아이의 출산을 지켜보지 못했다. 2012년 1월 중순경에 아내가 혼자 출산하고 있을 때 나는 남극 킹조지섬에서 새들의 부화를 조사하고 있었다. 첫 아이가 태어나던 날 밤 기지에서 월동대원들이 축하 파티를 마련해주었다. 주방장님이 즉석에서 만들어주신 케이크를 두 명의 대원들과 함께 잘랐다. 두 분도 과거에 세종기지에서 월동하고 있을 때 아이가 태어난, 나와 같은 아픔을 가지신 분들이다. 즐거운 파티가 끝나고 숙소로 돌아가는 길에서 나는 울음을 참지 못했다. '여보 미안해. 아가야 미안해.' 내가 해줄 수 있는 선물은 펭귄 사진 한 장뿐. 그런데 훗날 내가 데려간 후배 연구원 한영덕 군도 이 비극을 피해가지 못했다. 내가 너한테도 몹쓸 짓을 했구나…….

코끼리처럼 생긴 물범이 살고 있다던데

해안을 따라 세종기지에서 펭귄마을 방향으로 걷다 보면 작고 귀여운 아기물범을 만나기도 한다. 처음 만났을 때 월동대원들은 이 귀염둥이가 코끼리해표라고 알려주었다. 해표(海豹)는 물범의 또 다른 명칭인 바다표범의 한자표기이다(현재 우리나라에 서식하는 바다표범류의 국명이 'ㅇㅇ물범'으로 명명되어 있으므로 이 종을 '남방코끼리물범(Southern elephant seal, *Mirounga leonina*)'으로 칭하기로 한다.). '도대체 이 녀석의 어디가 코끼리와 닮았다는 거지?'

펭귄마을을 지나 계속 걷다보면 몇 마리씩 모여

아빠를 보고 나면 우리가 왜 코끼리물범인지 알 수 있을걸요?

1~2 당해에 태어난 남방코끼리물범의 새끼. 코끼리를 닮은 곳은 한 군데도 없다.

1~2 허물을 벗듯 털갈이를 하는 남방코끼리물범. 털뿐만이 아니라 상층 표피도 함께 교체된다. ⓒ심해섭(2)

서 누워있는 남방코끼리물범들이 보이기 시작한다. 그런데 파충류가 탈피하는 것처럼 얼굴과 몸통이 허물을 벗고 있다. 다른 물범류와는 다르게 코끼리물범류나 몽크물범류의 털갈이 방식은 매우 독특하다. 단순히 털만 빠지는 것이 아니라 털과 표피세포의 최상층이 함께 벗겨져 나간다. 온몸이 너덜너덜해 보이는 것은 이 때문이다. 털갈이 기간에는 피부가 통째로 교체되어 보온능력이 저하되므로 물속에 들어가서 사냥하는 것은 부담스러운 일이다. 이 기간 동안에 수컷은 약 50일, 암컷은 약 30일간 금식을 하며 견딜 수 있는 것으로 알려져 있다(Ling & Short 1965). 물론 가끔 바다에 들어가서 먹이를 잡아먹기도 한다(Laws 1960, Boyd et al. 1994).

바톤반도의 동쪽 끝 해안은 남방코끼리물범으로 덮여있다. 세종기지 월동대원들은 예전부터 이곳을 '해표마을'이라 부른다고 했다. 이 지역에 살고 있는 수많은 물범들의 얼굴을 하나하나 살펴보았는데 코끼리를 닮은 녀석은 한 마리도 없었다. 수컷(신장 4~5m, 체중 3,600kg)이 암컷(신장 2~3m, 체중 900kg)보다 몸집이 크기 때문에 쉽게 찾을 줄 알았는데 그 역시 이곳에서는 암수를 구별하는 유용한 방법이 아니었다. 바톤반도는 물범들의 번식지가 아니라서 번식에 참여하지 못한 암컷과 어린 개체들이 주로 모여 있는 곳으로 추정된다. 세종기지 인근에서 알려진 주요 번식지는 바다 건너 필데스반도와 포터반도의 스트레인저 포인트에 있다. 나는 아직 해표마을에서 완전히 자란 성체를 보지 못했다. 하지만 수컷이 아주 없는 것은 아니다. 성체는 아니지만 외부 생식기가 보이는 녀석들이 일부 확인되었다.

월동대원들은 겨울에 가끔 성체인 수컷을 보았다고 한다. 대원들에

penile opening

해표마을에
어서 오세요!

나는 코끼리처럼 보이나?
이 코는 어른 수컷만이
가질 수 있지.

4

5

6

1 해표마을에 사는 남방코끼리물범. 암컷과 어린 물범들이 주류를 이루고 있다.
2~3 수컷 물범(2)과 암컷 물범(3) 비교. 수컷의 하복부에는 생식기를 외부로 돌출시키는 곳
(penile opening)이 있다.
4, 6 남방코끼리물범 수컷 성체(4)와 암컷 성체(6). 코의 모양을 통해 암컷과 수컷을 구분할
수 있다. ⓒ이창섭(4), ⓒ심해섭(6)
5 미성숙 수컷의 생식기

게서 받은 사진들을 보니 정말 코가 커서 코끼리같이 생겼다. 수컷들은 번식기에 경쟁자와 싸울 때 코를 부풀리고 요란한 소리를 내며 위협한 다. 이 거대한 코는 울림통 역할을 하기 때문에 소리가 증폭되어 더욱 웅장해진다. 승리한 자는 수많은 암컷들과 번식을 할 수 있는 기회가 주어지는데 남방코끼리물범은 평균적으로 30여 마리의 암컷과 번식집단을 이루고, 최대 100여 마리의 암컷과 집단을 구성하는 경우도 있다. 엄청난 번식의 대가라 할 수 있다. 하지만 수컷 물범이 여러 암컷을 거느리고 있다고 부러워하지는 말자. 여러 암컷이 우월한 유전자를 가진 자손을 남기기 위해 건장한 수컷 한 마리를 거느리고 있는 것인지도 모를 일이기 때문이다.

지구온난화의 수혜자
남방큰재갈매기

지구온난화의 영향으로 남극과 북극에서 빙하가 빠르게 후퇴하고 있고 바다얼음이 줄어들고 있다. 이러한 환경변화는 바다얼음에 의존해서 물범을 사냥하고 살아가는 북극곰의 생존을 위협하고 있다. 남극에서는 현 상태의 지구온난화가 지속될 경우 2100년경에 바다얼음에서 번식하는 조류인 황제펭귄 개체수의 95%가 사라질 것으로 예측한 바 있다(기후변화에 관한 정부간 협의체 IPCC(Intergovernmental Panel on Climate Change)).

그렇다면 빙하가 빠르게 후퇴하고 있는 킹조지섬에서는 어떤 일이 벌어지고 있을까? 바톤반도의 북동쪽 끝 해안은 포터 소만(Potter Cove)의 빙벽과 맞닿아있었다. 도둑갈매기 조사를 위해 온 지역을 다 돌아다녔지만 예전에는 빙하로 덮여있었기 때문에 그 지역의 끝부분까지는 들어갈 수가 없었다. 썰물 때에만 해안 외곽을 돌아 접근할 수 있는 지역이었다. 그러나 최근 들어 빙하의 후퇴 속도가 빨라지면서 경계부의 토양 노출지역이 확장되어갔다. 2012년에 그곳을 다시 방문했을 때에는 얼음이 사라져 해안 전체가 드러나 있었다. 2007년경까지만 해도 얼음으로 덮였던 곳에 남방큰재갈매기의 둥지가 지어졌다. 이제 이곳은 둥지를 지을 수 있는 환경으로

바다얼음 위에서 번식하는 황제펭귄(케이프 워싱턴).
얼음이 사라지면 황제펭귄의 번식지도 사라질 것이다.

빙퇴석지역의 남방큰재갈매기 둥지. 빙하가 후퇴하면서 남방큰재갈매기의 서식지는 점점 확장되고 있다.

변한 것이다.

과거의 위성영상 비교 분석을 통해 이 지역에서의 빙하후퇴 역사를 되짚어 보았다. 이곳을 덮고 있던 빙하는 1989년 이래로 해안에서 약 200~300m 가량 후퇴하면서 약 96,000m²의 새로운 땅이 드러났다. 여기에는 남방큰재갈매기의 번식집단이 두 지역에 조성되어 있다. A지역의 대부분은 1989년 이전까지 빙하에 덮여있었으며, B지역은 1989년에서 2006년 사이에 드러난 것으로 보인다. 빙하후퇴의 경과에 비추어보면 번식지는 먼저 드러난 A지역에서 형성되기 시작

우리만 좋은 거였나 봐.

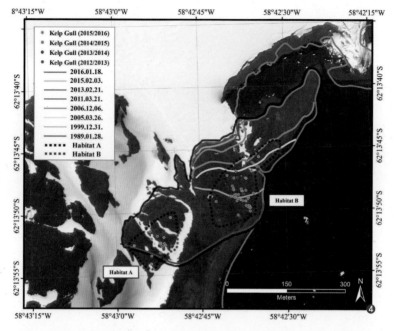

1 2005년, 바톤반도 북동쪽 끝 해안의 모습. 썰물 때에만 해안을 돌아 내부로 들어갈 수 있었다.

2~3 빙하가 후퇴하면서 드러난 빙퇴석지역. 빙하후퇴는 우리 생각보다 훨씬 빠르고 광범위하다. ©최문용(2)

4 킹조지섬 포터 빙벽 인근에서의 빙하후퇴 과정과 남방큰재갈매기의 둥지 분포 ©Lee et al. 2017

우리집, 또 이사가야겠네.

바톤반도의 북동쪽 끝 해안은
포터 소만(Potter Cove)의 빙벽과 맞닿아있었다.

하여 B지역 방향으로 확장되어 왔음을 암시한다.

빙하나 바다얼음의 감소는 먹이 감소 및 서식지 훼손을 유발하여 이에 의존하여 살아가고 있는 극지생물 종들의 생존을 위협한다. 하지만 남방큰재갈매기 같은 어떤 종들에게는 새로운 기회의 땅을 제공하기도 한다. 어차피 빙하가 사라져도 다른 생물들이 채워줄 텐데 뭐가 문제냐고? 남극의 환경에 적응하며 살아왔던 고유생물들이 살아갈 수 있는 터전이 점차 사라져 멸종의 위기에 몰리기 때문이다. 결국 지구상에 극지라는 특수한 환경을 지닌 생물권역이 사라지게 될지도 모른다.

제2부

영역을 지키기 위한
거침없는 투쟁

아묵나~
이끼라~

완전무장하고 출발한 도둑갈매기 조사 첫날

남극을 다녀온 분들을 통해 사납고 공포스러운 도둑갈매기의 명성을 익히 들어오던 터라 나도 만반의 준비를 했다. 하지만 세종기지 도착 첫날에 무방비로 밖에 나갔다가 도둑갈매기에게 머리를 얻어맞고 기지로 도망쳤다. 나의 현장조사 역사에 있어서 가장 치욕적인 사건이었다. 다행히 아무도 본 사람은 없었지만 도둑갈매기 조사하러 왔다가 이게 웬 망신인지…….

그 후 며칠 뒤인 2004년 12월 7일에 무장을 단단히 하고 첫 조사를 위해 번식지로 향했다. 머리에는 오토바이 헬멧을 쓰고 손에는 용접용 가죽장갑을 끼고 기세등등하게 녀석들의 둥지로 다가갔다.

"퍽!" 한 녀석이 헬멧을 향해 돌진했다. 헬멧을 썼어도 "띵" 하는 소리와 함께 머리에 진동이 파고들었다. 몇 번 부딪치더니 내가 꿈쩍도 하지 않자 더 이상 달려들지 않았다. 녀석이 헬멧과의 충돌로 다치지 않았을까 걱정이 되었다.

첫 번째 도둑갈매기의 알 크기를 재고 나서 기록을 하려고 볼펜을 찾는데 어디에 두었는지 보이지 않았다. 비상용으로 준비해 온 볼펜으로 기록을 하고 두 번째 알을 측정했다. '볼펜이 또 어디 갔지?' 또 다른 펜으로 기록을 하면서 주변을 살펴보니 도둑갈매기가 내 볼펜을 물고 다른 곳으로 걸어가고 있었다.

이번엔 과감히 내게 다가와 장갑을 물어버린다. 빼앗기지 않으려고

무장을 하고 출발한 도둑갈매기 조사.
결연한 의지를 다지며 길을 나섰다.

1 헬멧과 가죽장갑으로 완전무장. 나중에 배운 가짜머리를 조금 더 빨리 알았더라면 좋았을 텐데.

2 본격적인 조사의 시작. 해치려 하는 것이 아님을 알아주면 좋겠다.

3 장갑을 뺏으려 하는 도둑갈매기. 뺏기지 않으려는 나와 실랑이가 벌어졌다.

4~5 둥지를 방어하는 도둑갈매기의 방법. 내게서 빼앗아간 장갑(4)을 둥지에서 멀리 떨어진 곳에 내다버렸다(5).

안간힘을 써보았으나 결국 녀석은 내 손에서 장갑을 벗겨내었다. 그러더니 역시 먼 곳으로 장갑을 물고 가버렸다. 내가 둥지에 다가가자 소리를 질러 경고도 해보고 공격도 해보았으나 소용이 없자 물건들을 물어다 버리면서 내가 둥지를 떠나도록 유도하는 행동이었다. 이는 부모가 알이나 새끼를 보호하기 위해 침입자를 혼란시키려는 일종의 전환과시(distraction display, 轉換誇示)라고 할 수 있다. 전환과시행동으로 유명한 물떼새류는 다친 척하며 포식자의 주의를 이끈 후 둥지로부터 멀리 떨어지도록 유도한다. 그런데 도둑갈매기들은 보란 듯이 인간의 물건을 물어다 버리는 보다 적극적인 방법을 택한다. 사람들은 머리 나쁜 이들을 '새대가리'로 비유하곤 한다. 하지만 수년간 새를 관찰해온 내 경험상 새들은 결코 지능이 낮지 않다. 특히 도둑갈매기들은 자신의 알과 새끼를 지키기 위해 지능적으로 침입자 퇴치 방법을 구사할 수 있는 똑똑한 조류이다. 이날부터 나와 도둑갈매기들 간의 질기고 오랜 인연이 시작되었다.

도둑갈매기야,
네가 다치지 않았으면 좋겠어

남극에 발을 딛는 순간부터 사나운 도둑갈매기들과의 전쟁은 시작되었다. 조사를 하기 위해 둥지에 다가가야만 하는 나와 알과 새끼들을 지키려는 이들과의 충돌은 피할 수 없는 숙명이 되어버렸기 때문이다. 헬멧이라는 장비의 도움으로 나는 안전하게 조사에 임할 수 있었으나, 나를 쫓아내기 위해 온몸으로 헬멧에 부딪치는 도둑갈매기는 그 충격을 그대로 받아야만 했다. '무지 아플 텐데. 좋은 방법이 없을까?'

며칠 뒤 도둑갈매기 연구의 왕초보자인 나를 돕기 위해 바다 건너 필데스반도에서 조사 중인 독일 연구원 마쿠스 리츠(Markus Ritz)가 세종기지를 방문했다. 그의 배낭에는 면봉같이 생긴 방망이가 붙어 있었는데 도둑갈매기가 공격하면 때려주기 위해 가지고 다니는 물건인 줄 알았다. 그러나 그것은 내 예상과는 정반대로 도둑갈매기를 보호하기 위한 도구였다. 도둑갈매기들은 몸의 말단을 공격하기 때문에 항상 머리가 공격당할 수밖에 없다고 한다. 그래서 폭신폭신한 종이뭉치와 같은 '가짜머리'를 머리보다 높은 곳에 설치해두면 도둑갈매기들이 가짜머리에 부딪치게 되어 연구자의 머리도 보호할 수 있고 공격하는 새들도 안전하게 된다는 설명에 탄복하고 말았다.

그래서 나도 헬멧을 벗어 던지고 볼품없는 가짜 인형머리를 만들어 달고 다니기 시작했다. 2007년에 러시아 기지 벨링스하우젠에서 만난 독일 연구원 안나 프뢸리히(Anne Froelich)는 모양이 진화된(귀여운 인

독일 연구원 마쿠스의 방어도구인 가짜머리. 도둑갈매기를 보호하기 위한 연구자들의 노력에 감탄하지 않을 수 없다.

저게 뭐지?

형을 씌운) 가짜머리를 가지고 다녔다. 이 사진을 본 박명희 총무(20차 월동대)께서 나를 위한 인형머리를 만들어 주셨다. 단열재로 쓰이는 재료를 활용해 폭신폭신한 사람모양의 머리를 만들고 고깔모자까지 씌워주셨다. 그리고 최종버전으로 내 얼굴을 모델로 하여 머리카락까지 있는 인형머리를 만들어냈다. 이후 기지에 머물고 있던 국내외 연구자들이 멀리서도 나를 알아볼 수 있는 나만의 상징물이 되었다. 그러나 이 인형머리는 오래 사용하지 못했다. 도둑갈매기가 올라타서 머리카락을 뽑아내고, 나중에는 눈과 코와 입술도 뜯어내서 흉물스러워

고깔모자를 씌운 초창기의 인형머리.
이후 생김새가 점점 더 발전하게 되었다.

1 독일 연구원 안나의 귀여운 인형머리. 연구자와 도둑 갈매기를 모두 보호하는 소중한 도구이다.
2 조사를 떠나는 나의 모습. 기지 대원들은 인형머리로 나를 알아본다.
3~4 머리카락을 뜯어내는 갈색도둑갈매기. 듬성듬성 해진 머리카락은 종종 인형을 고쳐야 하는 이유가 된다. ⓒ최문용
5 인형머리가 없으면 벌어지는 일. 도둑갈매기는 알과 새끼를 지키기 위해 온몸으로 달려든다.

그 많던 머리카락이
어디 갔지?

내 머리를 때리든 모자를 벗겨
가든 네 맘대로 해. 네가 다치지
않으면 난 괜찮아.

내 얼굴을 모델로 만든 인형머리와 제작자이신 박명희 총무님. 덕분에 내 머리는 도둑갈매기의 공격으로부터 안전할 수 있었다.

졌기 때문이다. 이것을 고쳐줄 수 있는 제작자는 임무를 마치고 한국으로 떠나셨기에 결국 그다음해부터는 사용할 수 없었다. 그리고 나는 더 이상 인형머리가 필요하지 않게 되었다. 그들을 더 이상 두려워하지 않게 되었기 때문이다. 내 머리 위에 올라타서 모자를 벗기려고 하는 녀석도 있지만 신경 쓰지 않고 내 일을 할 뿐이다. 하도 많이 맞다 보니 이젠 아픈지도 모르고 조사하러 다닌다.

남극제비갈매기가 머리 위로 날아들면 발걸음을 조심하라

2004년 12월에 17차 월동대원의 안내를 받아 처음으로 펭귄마을을 방문하기 위해 자갈이 쌓인 비탈을 지나고 있었다. 어느 순간 날카롭게 울어대며 내 머리 위에 닿을 듯 말 듯 위협비행을 하는 새가 보였다. 마치 흰색 제비처럼 보이는 남극제비갈매기(*Sterna vittata*)이다.

월동대원들도 그 근처에 둥지가 있을 것이라고 짐작은 하고 있었지만 한 번도 본적이 없다고 했다. 나는 무심코 지나가려는 대원의 앞길을 다급하게 막아섰다. 바로 앞에 있는 남극제비갈매기의 알을 밟을 뻔했기 때문이다. "자! 여기 와서 잘 봐두세요. 남극제비갈매기들은 작은 돌을 이용해서 둥지를 짓고 하나 또는 두 개의 알을 낳아요. 알의 색이 주변 자갈색하고 비슷한 위장색을 띠고 있어서 주의 깊게 보지 않으면 알을 깨뜨릴 수 있어요." 대원들은 처음 이곳에 온 내가 남극제비갈매기의 알을 쉽게 찾아낸 것을 매우 신기하게 생각했다. '사실 나는 박사학위 논문을 쓰기 위해 올 여름에도 서산 간월호에서 쇠제비갈매기(*Sterna albifrons*)를 연구하다가 온 사람인데…….' 쇠제비갈매기의 알은 모래섬에서 은폐하기 쉬운 위장색을 띠고 있어서 처음 조사할 때 알을 찾느라 애를 먹었었다. 간월호에서 갈고 닦은 알 찾는 노하우는 이곳에서도 유감없이 진가를 발휘했다.

남극제비갈매기는 외부 침입자 접근에 대해 민감하게 반응하는 종으로, 사람뿐 아니라 다른 종들이 둥지 근처에 다가가면 집단으로 돌진하

1~4 위협비행을 하는 남극제비갈매기. 둥지 근처에 접근했다는 것을 의미한다.

5 둥지 주변을 경계하는 남극제비갈매기. 생김새가 눈에 띄어 둥지에서 먼 곳에 앉아 경계한다.

6~7 주위 자갈과 유사한 위장색을 띠고 있는 남극제비갈매기의 알. 위장색은 공격당할 위험을 줄여주지만 때때로 눈에 띄지 않아 오히려 위험에 처하기도 한다.

8~9 서산 간월호에서 번식하는 쇠제비갈매기의 알. 주변의 모래와 유사한 위장색을 띠고 있다.

10~11 갓 부화한 남극제비갈매기 새끼(10)와 날개깃이 자라기 시작한 새끼(11). 자갈밭에 있으면 찾기 어렵다.

12~13 모래와 구별이 어려울 정도로 위장술이 뛰어난 간월호의 쇠제비갈매기. 두 종의 번식지는 멀리 떨어져 있어도 살아남기 위한 방법은 비슷하다.

번식지에 어슬렁거리는 갈색도둑갈매기에게
위협비행을 하는 남극제비갈매기.
도둑갈매기는 가장 위험한 적이다.

면서 위협행동을 취한다. 몸의 색이 옅은 회색과 흰색을 띠다 보니 알을 품고 있으면 멀리서도 둥지의 위치가 쉽게 발각된다. 이러한 이유로 침입자가 보이기 시작하면 바로 둥지를 떠나 어지럽게 날아다니며 이들을 교란시키는 것이다. 번식집단이 크면 클수록 집단방어의 효과는 증대된다. 둥지의 위치만 들키지 않는다면 알과 새끼는 위장색을 띠고 있어 발각될 확률이 낮아진다. 그래서 남극제비갈매기들이 공격적이며 신경질적인 행동을 보이면 바닥을 유심히 살펴보면서 신속하게 그 장소를 떠나야 한다. 알이 보이더라도 그곳에 오래 멈춰 서있지 말고 못 본 척 자연스럽게 빠져나와야 한다. 항상 먹을 것을 찾느라 혈안이 되어 있는 도둑갈매기들에게 우리의 행동이 둥지의 위치를 알려줄 수 있는 실마리를 제공할 수 있기 때문이다.

무사히 부화를 했어도 새끼들이 처한 위험은 지속된다. 막 부화했거나 어느 정도 자란 새끼들도 주변의 자갈과 색이 유사한 위장색을 띠고 있기 때문에 사람들이 무심결에 밟고 지나갈 수 있다. 한국에서는 쇠제비갈매기 새끼가 모래와 구별이 안 될 정도로 위장술이 뛰어나서 이들을 알아보지 못한 어민들에게 밟혀 죽는 경우도 있었다. 오히려 뛰어난 위장술이 생명을 위협하는 상황이 된 것이다.

이곳에서 위장색의 임무는 인간보다는 포식자를 속이는 것이다. 오래전부터 지속되었을 숨기려는 자와 찾아내려는 자의 숨바꼭질……. 여기에서는 누가 이겼을까? 안타깝게도 부화할 때까지 살아남은 알이나 스스로 날아갈 수 있을 때까지 생존한 새끼는 그리 많지 않다. 며칠 뒤에 가보면 대부분의 둥지가 텅 비어있다. 아마 포식자들에게 잡아먹혔을 것이다. 알과 새끼를 숨기기 위한 이들의 감쪽같은 위장색도 사람의 눈은 속일 수 있을지 모르지만 전문 사냥꾼인 도둑갈매기를 속이기에는 역부족인가 보다. 게다가 아무리 세차게 도둑갈매기에게 달려들어도 이들은 꿈쩍도 안 하고 알이나 새끼를 입속으로 삼켜버린다. 이 숨바꼭질에서는 일단 도둑갈매기의 승리라고 판정할 수밖에……

도둑갈매기로부터 알과 새끼를 지켜내는 것도 힘겨운데 세종기지가 건립된 1998년 이후에는 인간의 출입이라는 위험요인이 하나 더 늘어난 상황이 되어버렸다. 이들의 방어행동 및 위장색의 특성을 알았으니 지금부터라도 남극제비갈매기의 번식지를 지나칠 때는 조심히 행동해주길 바란다.

갈색도둑갈매기와 펭귄의 불편한 동거

골목 상권을 장악하고 정기적으로 금품을 갈취하는 폭력조직, 그리고 부당함을 알지만 다른 조직들의 강탈로부터 보호를 받기 때문에 그 상황에 순응하며 살아가는 상인들. 영화 속에서나 있을 법한 이야기가 남극의 조류들 사이에서도 펼쳐진다.

도둑갈매기들에게 있어서 펭귄마을은 거대한 목장이다. 그곳에는 여름 내내 잡아먹을 수 있는 펭귄의 알과 새끼들이 풍부하기 때문이다. 하지만 모든 종의 도둑갈매기들이 목장 소유권을 가지고 있는 것은 아니다. 갈색도둑갈매기와 남극도둑갈매기 모두 펭귄새끼를 잡아먹고 살기는 하지만 두 종이 공존하는 지역에서는 이미 오래전에 몸집이 작은 남극도둑갈매기가 경쟁에서 밀려나 펭귄보다는 어류를 주로 사냥하며 산다. 이처럼 동일한 자원을 이용하는 다른 종들이 자원을 나누어 공존하는 것을 생태적 지위분할(Niche segregation)이라고 한다. 그렇다면 바톤반도에서 번식하는 모든 갈색도둑갈매기들은 사이좋게 펭귄을 사냥할까? 아니다. 이들 중에서도 우열이 가려져 약 20여 쌍 중 일부만이 목장 소유권을 가지고 있을 뿐이다.

펭귄의 번식지는 크고 작은 여러 개의 소집단으로 구성되어 있는데, 각각의 갈색도둑갈매기들은 소집단 일부를 자신만의 취식영역으로 확보하고 있다(Hahn & Peter 2003). 즉 자신이 독점적으로 사용할 수 있는 목장을 가지고 있다는 뜻이다. 우리의 조사지역인 펭귄마을에는 약

7쌍의 갈색도둑갈매기가 매년 거의 같은 장소에서 번식을 하고 있다. 이들은 먹이사냥을 나가면 펭귄의 번식소집단 근처 및 내부에 위치한 바위 위에서 내려다보면서 부모가 한눈을 팔고 있거나 잠시 자리를 비운 둥지를 탐색한다. 펭귄 부모가 잠시라도 방심하면 순식간에 알이나 새끼를 잃게 된다. 또한 비교적 집단 방어력이 약한 소집단의 외곽을 배회하다가 기회가 생기면 바로 사냥을 개시한다. 물론 펭귄의 저항도 만만치는 않다. 어미가 격렬하게 반응할 때에는 그 둥지를 포기한다. 어차피 주위에는 손쉽게 사냥할 수 있는 둥지가 널렸는데 굳이 몸싸움까지 벌여가며 힘들게 먹이를 구할 필요가 없기 때문이다.

새끼에게 먹일 사냥감은 둥지 근처로 물고 온다. 입이 작은 새끼에게 먹이려면 먹잇감을 작게 찢어야 하는데 이때 부부의 협동 작업이 빛을 발한다. 아무리 도둑갈매기들이 맹금류와 닮았다지만 그들의 물갈퀴발은 움켜잡는 데 한계가 있기 때문에 질긴 먹잇감을 잘라내는 데에는 큰 도움이 되지 못한다. 부부는 힘을 합쳐 먹잇감을 양쪽으로 물어 당겨 적당한 크기로 잘라낸 후 새끼가 있는 둥지로 운반한다.

펭귄 소집단을 목장으로 보유한 개체들은 그렇지 못한 개체보다 여러 가지로 유리하다. 항상 쉽고 빠르게 먹이를 구할 수 있기 때문에 새끼들에게 풍부한 영양을 공급할 수 있다. 또한 사냥터가 둥지에서 가깝기 때문에 배우자 중 하나가 사냥을 나간 사이에 침입자가 나타나면 크고 날카로운 소리를 질러 재빨리 불러들일 수 있다.

그렇다면 펭귄은 일방적으로 손해만 보는 것일까? 꼭 그렇지만은 않은 것으로 보인다. 펭귄 목장의 주인들은 자신의 취식영역에 다른 도둑갈매기들이 침입하면 결사적으로 공격하여 쫓아낸다. 만일 이들이 자

펭귄 사냥의 기회를 노리고 있는 갈색도둑갈매기.
이들은 순간의 틈을 놓치지 않는다.

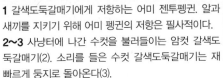

1 갈색도둑갈매기에게 저항하는 어미 젠투펭귄. 알과 새끼를 지키기 위해 어미 펭귄의 저항은 필사적이다.
2∼3 사냥터에 나간 수컷을 불러들이는 암컷 갈색도둑갈매기(2). 소리를 들은 수컷 갈색도둑갈매기는 재빠르게 둥지로 돌아온다(3).
4 새끼 펭귄을 사냥하는 데에 성공한 갈색도둑갈매기
5∼8 새끼들에게 먹일 사냥감을 작은 조각으로 분리하는 갈색도둑갈매기 부부. 이들도 결국 부모이다.
ⓒ정진우

펭귄의 알을 먹고 있는 갈색도둑갈매기. 이들로부터 알과 새끼를 지켜내기란 쉽지 않다.
ⓒ정진우

신의 영역을 방어하지 않는다면 킹조지섬에 서식하는 모든 도둑갈매기
들이 이곳으로 쳐들어와 펭귄 새끼들을 남김없이 먹어치우게 될 것이
다. 누군가는 번식지 근처에 사는 갈색도둑갈매기들에게 잡아먹히겠지
만, 이들이 있음으로 해서 펭귄 소집단이 남획으로부터 안정적으로 유
지되는 것이다. 펭귄 입장에서는 이러한 불편한 공생관계가 자신의 새
끼가 잡아먹힐 확률을 줄여주게 되는 것이다. 하지만 번식이 끝날 때까
지 잡아먹히는 이가 내 아이는 아니길 간절히 기도하는 마음으로 살아
가는 펭귄들이 안쓰럽다.

진흙탕 위에서 벌어진
갈색도둑갈매기의 혈투

번식기가 되면 새들은 매우 민감하고 사나워진다. 좋은 배우자를 찾기 위해, 최적의 둥지 터를 차지하기 위해, 알과 새끼를 지키기 위해 그리고 먹잇감을 확보하기 위해 이들의 신경은 매우 날카로워져 있다. 이 시기에는 동종 간의 싸움도 자주 발생한다.

킹조지섬 육상의 최강 포식자인 도둑갈매기들은 그 명성 못지않게 싸움도 매우 치열하게 한다. 이들은 갈매기에 비해 부리나 발이 먹이 사냥과 동종 간의 싸움에 적합한 형태로 발전했다. 남방큰재갈매기의 부리와 비교하자면 도둑갈매기의 부리는 매나 수리류처럼 부리 끝이 갈고리처럼 굽어있다. 사냥감을 찢어먹거나 적을 공격하여 상처를 입히

1~2 갈색도둑갈매기(1)와 남방큰재갈매기(2)의 부리. 갈색도둑갈매기는 매와 비슷한 구조의 부리를 가졌다.

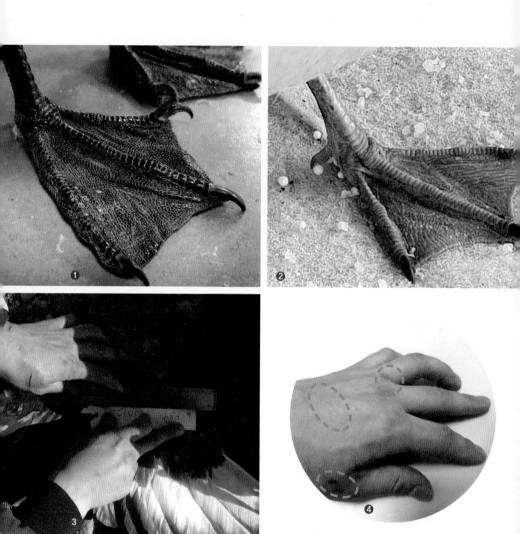

1~2 남극도둑갈매기(1)와 남방큰재갈매기(2)의 발. 남극도둑갈매기의 발톱은 갈고리처럼 날카롭고 굽은 형태이다.

3~4 2005년, 도둑갈매기들에게 당한 상처(3)와 2018년, 현재까지도 남아있는 상처(4). 몸 크기를 측정할 때 날카로운 부리와 발톱에 손등이 찢긴다.

5~12 갈색도둑갈매기 간에 벌어지는 전투의 과정. 한 마리의 갈색도둑갈매기를 차지하기 위한 두 마리의 싸움은 꽤나 필사적이다. ⓒ한승필

는 데 유리한 구조이다. 이 두 종은 바닷새이기 때문에 공통적으로 헤엄치기에 유리한 물갈퀴 발을 가지고 있다. 하지만 도둑갈매기는 갈매기들에 비해 보다 날카롭고 굽은 갈고리 형태의 발톱을 지니고 있다. 이러한 형태의 발톱은 사냥한 먹잇감을 제압할 때 유용하게 쓰인다(Furness 1987 & 1966). 물론 전문적인 동물사냥꾼인 매나 수리의 억센 발톱에 비하면 장난감 총 수준이겠지만 남극에는 맹금류가 없으니 호랑이가 없는 곳에서 토끼가 왕 노릇을 하고 있는 격이라고나 할까.

도둑갈매기들의 부리와 발톱은 조류연구자들에게도 부담스러운 무기이다. 2004년 첫 조사 이래로 이들에게 찢긴 손등의 상처들은 해마다 늘어갔다. 글을 쓰고 있는 현재에도 그 상처들은 고스란히 남아있어 그 당시에 이들과 벌인 치열했던 전투를 증언한다.

이들이 가진 무기의 진가는 2010년 11월경에 한승필 씨가 촬영한 갈색도둑갈매기 간의 전투 현장에서 확인된다. 진흙탕 위에서 두 마리가 필사적으로 싸우고 있고 한 마리는 구경을 하는 건지 심판을 보는 건지 지켜보고만 있다. 구경하고 있는 개체를 서로 차지하기 위해 벌어진 전투로 보인다. 처음에는 서로 힘겨루기를 한다. 그러다가 한 녀석이 부리로 다른 개체의 머리며 목덜미며 닥치는 대로 물어버렸다. 다리와 발로 서로의

크아아아아!
우리는 사납기로
소문난 도둑갈매기!

몸통을 움켜쥐며 상대의 움직임을 봉쇄하기도 한다. 나중엔 서로 부둥켜안고 레슬링 하듯 뒹군다. 이 정도면 각종 싸움기술을 구사하는 인간들의 이종격투기와 다를 바가 없다.

하지만 일순간 격하게 몸싸움을 벌이더라도 전투는 상대방이 죽을 때까지 지속되지는 않는다. 승패가 결정되면 패자가 그냥 떠나버린다. 이들은 날카로운 부리와 발톱을 가지고 있기 때문에 장시간의 격투는 서로에게 깊은 상처를 남길 수 있다. 그래서 비록 승자가 되더라도 몸에 치명상을 입으면 자신도 위태로워질 수 있고 또 다른 도전자와의 싸움에서 승리를 장담할 수 없게 된다. 패자도 큰 상처를 입지 않아야 몸을 추스르고 또 다른 도둑갈매기에게 도전을 할 수 있는 기회를 얻을 수 있기에 이길 수 없는 무모한 싸움을 피한다. 그래서 싸움은 빨리 끝난다. 싸울 땐 과감하게 치고받지만 승패에 현명하게 대처할 줄 아는 것이 도둑갈매기들의 싸움이다.

제3부

배설도 기상천외한 생존의 기술

냄새나고
지저분한 것도
다 쓸모가 있다고.

이쯤 되면
청결은 포기한다.

가까이 하기엔 공포스러운 남방큰풀마갈매기

세종기지 주변에서는 오래전부터 남방큰풀마갈매기가 터를 잡고 번식을 해왔다. 대부분의 개체들은 사람이 다가가면 허둥지둥 둥지에서 도망치기 마련인데 가끔 끝까지 자리를 지키고 투쟁하는 녀석들도 있다. 특히 새끼를 돌보는 어미들은 오히려 매우 공격적이다. 그렇다고 도둑갈매기처럼 우리들의 머리에 폭격을 가하거나 턱끈펭귄처럼 다리를 물어뜯지는 않는다. 남방큰풀마갈매기의 공격은 이 두 종의 공격보다 훨씬 무섭고 끔찍하다.

그곳에 처음 갔었던 2004년과 2005년의 악몽이 떠오른다. 남방큰풀마갈매기의 경고를 무시하고 가까이 다가갔다가 녀석이 뱉어낸 뜨끈한 액체 세례를 받았었다. 이 공격이 무섭고 끔찍한 건 물리적인 충격이 아니라 액체에서 풍기는 역겨운 냄새에 의한 정신적인 쇼크라고 할 수 있겠다. 이 액체는 전위(proventriculus)에서 생산된 왁스 에스테르(wax ester)와 트라이글리세라이드(triglycerides)로 구성된 위장 기름(stomach oil)이다. 원래는 장거리 비행에 사용되는 에너지원이나 새끼에게 먹이기 위한 이유식이었으나 포식자를 쫓아내는 무기로도 사용되는 것이다. 위속에서 곤죽형태가 되어버린 각종 해산물, 펭귄이나 다른 동물의 사체가 위장 기름의 주요 재료이다 보니 그 냄새는 상상을 초월한다. 기지로 돌아와서 급하게 세탁을 했는데 냄새가 가시지 않았다. 그날 세 번이나 빨았는데도……. 어쨌든 그 옷을 잘 말린 후 밀봉해서 기지에 두고 왔는데 다음 해에 입으려고 꺼내는 순간 역한 냄새가 고스란히 남아 내 코를 엄습했다. 결국 작업복을 포기할 수밖에 없었다.

2010년 11월 23일. 그해에도 남방큰풀마갈매기가 번식하러 왔나 확인하려고 기지 뒷산으로 향했다. 저 멀리에 앉아있는 희끄무레한 녀석들이 보였다. 남방큰풀마갈매기는 인간의 접근에 매우 민감하게 반응하기 때문에 우리는 더욱 조심스럽게 둥지로 다가갔다. 이번에는 극지연구소 홍보팀에서 파견한 한승필 씨가 촬영차 동행했다. 둥지에 가까워질수록 녀석은 머리를 곧추세우고 날카로운 소리를 내기 시작했다. 다가오지 말라는 경고다. "조심하세요! 너무 가까이 가지 마세요!" 이미 늦었다. 갑자기 입을 벌리더니 위속에서 소화되고 있던 기름진 액체를 뿜어냈다. 다행히 사진을 찍느라 좀 먼 거리에서 멈추고 셔터를 누르고 있었기에 이 액체를 뒤집어쓰는 대형 참사는 면했다. 대신 생생한 생태사진 한 장을 얻을 수 있었다.

2011년 2월 20일. 남방큰풀마갈매기가 어느 정도 자라서 도둑갈매기로부터 스스로 방어를 할 수 있을 무렵, 분석용 깃털을 확보하기 위해 월동대원(24차 월동대 최한진 대원, 의사 김영웅 대원)들과 녀석들의 둥지를 찾았다. 호기심이 많아 어디로 튈지 모르는 최한진 대원에게 출발 전에 주의사항을 숙지시켰지만 여전히 우려스러웠다. 이런 불안한 예감은 항상 들어맞는다. 작업을 돕다가 뜨끈한 액체 세례를 온몸으

내 경고를 무시하면 고약한 냄새를 맡게 될 텐데?

으악!!!!!!!

1 새끼가 뿜어낸 위장 기름을 그대로 맞아버린 최한진 대원. 또 하나의 작업복이 버려질 위기에 처했다.
2 침입자에게 위속의 먹이를 뿜어내는 남방큰풀마갈매기 성체. 그 냄새는 놀라울 정도로 고약하다. ⓒ한승필
3 남방큰풀마갈매기의 어미와 새끼. 새끼를 지키는 어미는 매우 공격적이다.
4~5 새끼가 뿜어내는 위장 기름을 피하는 김영웅 대원. 그런데 무언가가 함께 튀어나왔다. ⓒ최한진
6 남방큰풀마갈매기 새끼가 뱉어낸 펭귄 새끼의 간 ⓒ최한진

가까이 오지 말라고
했을 텐데?

칠레에서 만난 파타고니아스컹크. 털을 세우고 경계태세를 보일 때에는 재빨리 물러나야 한다. ©민형식

로 받았다. 그리 조심하라 일렀거늘…….

또 다른 둥지. 이번엔 김영웅 대원이 작업을 도우려고 새끼에게 접근한다. 앞에서 동료대원이 당하는 모습을 지켜본 학습효과가 있었는지 결정적인 순간에 살짝 피했다. 그런데 김영웅 대원의 비명이 들려온다. 뿜어낸 액체와 함께 무언가가 튀어나왔기 때문이다. "으악!!!! 이게 뭐예요?", "어 그건 펭귄 간이야. 얘네들 펭귄 사체를 뜯어먹거나 새끼도 잡아먹거든."

가끔 국내외에서 사람들이 야생동물에게 해를 입었다는 뉴스를 접한다. 그 중 우리가 그들의 경고를 인지하고 대처했더라면 피할 수 있었던 사건들이 많아 보인다. 치명적인 독을 지녔거나 공격적인 동물들은 색깔, 행동 및 소리 등으로 다가오지 말라는 경고신호를 보내지만 이를 알아채지 못했거나 무시했을 경우에는 혹독한 대가를 치르게 되는 것이다. 우리들이 동물의 신호를 존중한다면 이들과의 불필요한 충돌로 인한 피해를 줄일 수 있지 않을까? 세종기지에 들어가기 전(2006년 12월 14일) 칠레에서 파타고니아스컹크(*Conepatus humboldtii*)를 만난 적이 있었다. 일행들이 사진을 찍기 위해 접근했더니 털을 곤추세우고 다리를 쭉 뻗는 자세를 취했다. 더 이상 다가오면 지독한 방귀를 방출하겠다는 신호였다. 나는 재빨리 일행들을 뒤로 이동시켰고, 스컹크는 경계태세를 해제했다. 하마터면 낭패를 볼 수 있는 상황이었지만 이들의 신호에 적절히 대응해서 위기를 넘긴 것이다. 이처럼 동물들의 신호를 연구하는 것도 중요하지만 이에 관한 정보를 대중에게 널리 알리는 것도 생태학자들이 해야 할 일인 것이다.

독도에는 괭이갈매기가 살고
남독도에는 알락풀마갈매기가 삽니다

영국인들은 자국의 북동쪽에 위치한 '셰틀랜드 제도'의 지명을 남극으로 가져와 킹조지섬이 포함된 섬들을 '사우스셰틀랜드 제도'라고 이름 지었다. 나 역시 우리나라의 섬 이름을 남극에 가져다 놓았다. 펭귄마을을 지나 동쪽으로 계속 걷다 보면 푸른 바다위에 큰 돌섬 두 개가 나란히 놓여 있는데 독도와 닮았다. 그래서 나도 그곳을 '사우스독도' 즉 '남독도'라 이름을 붙였다(물론 공식 명칭은 아니다). 한국의 독도에는 괭이갈매기(*Larus crassirostris*)가 살고 있는데 남독도에는 어떤 새가 살고 있을까?

이 근방을 지나칠 때마다 10여 마리의 알락풀마갈매기(*Daption capense*)들이 날아다니거나 바다위에 떠있는 것을 관찰하곤 했었다. 하지만 1988년부터 기록된 월동대원들의 연구 보고서에는 이들이 바톤반도에서 번식했다는 기록을 찾아볼 수 없었다. 나도 번식조류의 분포조사에 집중하느라 비번식 개체들로 보이는 이들에게 큰 관심을 두지는 않았다.

섬들은 바다에 둘러싸여 있었기 때문에 배를 타지 않고서는 들어갈 수 없는 곳이라 생각했는데 간조 시간에 이 섬들이 육로로 킹조지섬과 연결되는 것을 보게 되었다. 멀리서 보았을 때 바위섬 곳곳에서 보이는 새하얀 부분들은 눈이 쌓여 있는 곳일 거라고 추측했지만 가까이 가서 확인해보니 조류의 배설물이 쌓여있는 곳이었다. 쌍안경으로 단 한

1 '남독도'라고 이름 지은 바위섬의 전경. 우리나라의 독도를 많이 닮았다.
2~3 괭이갈매기(2)가 살고 있는 대한민국의 독도(3) ⓒBryan Dorrough(2)

1, 8 남독도 근방에서 날아다니거나 물위를 떠다니는 알락풀마갈매기. 이곳이 이들의 번식지
일 것이라곤 생각하지 못했다.
2 가까이에서 바라본 남독도. 하얗게 보이는 것은 눈이 아니라 새의 배설물이었다.
3 알을 품고 있는 알락풀마갈매기. 새끼를 지키기 위해 어미는 둥지를 떠나지 않는다.
4 알락풀마갈매기의 둥지. 위험한 절벽타기를 하고 나서야 둥지를 발견할 수 있었다.
5 가락지 부착을 위해 포획한 알락풀마갈매기. 이곳에서 사람을 처음 만나 놀란 모양이다.
6~7 며칠 전에 부화한 알락풀마갈매기 새끼. 머리가 거란족의 변발스타일과 닮았다.

가락지만 붙이고
놔줄게.

우리 여기 사는 거
들킨 거 같은데?

가까이 오면
비린내 풍기는
액체를 뿜어주겠다!

1 조금 더 자란 알락풀마갈매기 새끼. 변발에서 스포츠머리로 변신 중이다.
2 비린내 풍기는 위장 기름을 뿜어낸 알락풀마갈매기 새끼. 토사물을 뱉는
행동은 어렸을 때부터 습득하는 방어행동이다.

번만이라도 주의 깊게 관찰했었더라면 이곳이 새들의 번식지라는 것을 보다 빨리 알 수 있었을 텐데……. 연구자들이 가장 경계해야 할 선입견이 내 눈과 판단을 흐리게 만들었다.

그럼 이제 한국인 최초로 '남독도'를 탐험해 볼까! 둥지를 확인하기 위해 절벽을 기어 올라가야 했는데 섬 아래쪽은 해조류(海藻類)로 뒤덮여 미끄러웠고, 손을 짚어 체중을 실을 때마다 바위가 부스러져 위험했다. 여러 번 시도 끝에 그나마 수월하고 안전하게 올라갈 수 있는 경로를 찾아내어 기어코 둥지에 접근하는 데 성공하였다. 알락풀마갈매기들은 바위절벽의 선반처럼 생긴 곳에 둥지를 틀고 있었다. 대부분은 바다 쪽 방향의 절벽에 지어졌기 때문에 육지 쪽에서 관찰하던 과거의 연구자들이 둥지를 발견하는 것은 어려웠으리라.

그 이후에는 매년 이곳을 방문하여 둥지 수 조사, 알의 크기 측정 및 개체인식 가락지 부착을 수행해 오고 있다. 알락풀마갈매기의 새끼들은 다른 종의 병아리들에 비해 외형이 독특하다. 부화한 지 며칠 되지 않은 새끼들은 거란족의 변발처럼 머리털이 거의 없다. 조금 더 자란 녀석들의 머리에는 깃털이 돋기 시작한다. 포란 중인 어미들은 내가 접근해도 둥지를 떠나지 않기 때문에 손쉽게 포획을 할 수 있었다. 하지만 당황한 어미와 새끼들은 친척뻘인 남방큰풀마갈매기처럼 비린내를 풍기는 위장 기름을 뿜어냈다. 내가 남독도를 방문하기 전까지는 둥지에서 인간을 맞이해 본 적이 없었으니 매

이 곳에서 사람을 만나게 될 줄은 몰랐는 걸.

©이창섭

남독도로 가는 길. 간조 때에는
킹조지섬과 남독도가 육로로 연결된다.

우 당황했을 거다.

　나는 아직 우리나라의 독도에 가본 적이 없다. 하지만 대한민국 국민이라면 누구나 '독도'를 마음속에 품고 살지 않을까? 독도를 닮아 볼수록 정감을 자아내는 작은 바위섬. 한국의 '독도'에는 괭이갈매기가 번식하고 세종기지가 있는 킹조지섬의 부속섬 '남독도'에는 알락풀마갈매기가 살고 있다. 훗날 누군가가 이곳의 공식 지명을 짓는다면 '남독도'라는 이름을 채택해 주었으면 좋겠다.

붉은 해변에 찾아온 식객

    2007년 11월 24일 마리안 소만 쪽 해안의 상공이 새들로 뒤덮였다. 하늘은 흐리고 해변은 핏빛으로 물들어 있었다. 그날 유난히도 심하게 풍겨왔던 비릿한 냄새가 지금도 잊혀지지 않는다. '대체 이 공포스러운 분위기는 뭐지? 예전에 고래를 해체할 때에도 남극의 해안이 붉게 물들었다고는 하지만 지금 이곳에서 포경을 하지는 않을 텐데⋯⋯.'

    바닷물에 밀려왔던 붉은 물체들이 썰물 때 해안에 고스란히 남겨졌다. 가까이 가서 보니 남극크릴(*Euphausia superba*) 떼였다. 킹조지섬에서는 하계기간에 이런 현상이 간혹 발생한다고 한다. 해안가를 거닐다가 크릴 한두 마리 정도를 본 적은 있었으나 이렇게 많은 양의 크릴 떼를 보는 것은 처음이었다. 크릴의 집단 폐사는 빙하가 녹은 물이 바다로 유입되면서 생기는 부작용으로 알려져 있다. 빙하가 녹은 물에는 비교적 입자크기가 큰 다량의 결석형 입자가 포함되어 있는데, 이 입자들이 먹이를 거르는 필터를 막아 규조류의 섭취 효율을 저하시키므로 크릴이 집단으로 사망한다(Fuentes et al. 2016). 아마도 하계기간에 지속적으로 붕괴하면서 주변 해역에 담수를 유입하고 있는 마리안 소만의 빙벽이 크릴 집단 폐사의 주범인 것 같다. 지역이 협소하고 다른 해역보다 수심이 낮아 결석형 입자의 농도가 높았을 테니 이곳에 크릴 떼가 들어왔다가 한 번에 변을 당한 것은 아닌지 추측해 본다.

    크릴의 집단 폐사로 먹이가 지천에 널렸으니 새들이 몰려드는 것은

1 해안의 상공을 뒤덮은 새 떼. 비릿한 냄새를 맡고 몰려든 것으로 추정된다.
2~3 붉은빛으로 물든 해안. 붉은 물체의 정체는 집단 폐사한 크릴 떼였다.
4 몰려드는 남방큰재갈매기들. 모두 번식지에 구속을 받지 않는 어린 개체들이다.
5 좋은 자리를 차지하고 크릴을 포식하는 갈색도둑갈매기. 어디에서나 서열은 정해진다.

마리안 소만의 빙벽.
빙벽이 무너지면서 바다에 담수가 유입된다.

자연스러운 일이다. '그렇다고 해도 여기에 남방큰재갈매기가 이렇게 많이 살았었나?' 개체 수를 조사할 때에는 30여 마리 남짓했는데 그날 은 300여 마리 정도가 보였던 것으로 기억한다. 그리고 대다수는 이곳 에서 흔히 보이는 성체가 아닌 어린 새들이었다. 번식에 참여하고 있지 않으니 장소에 구속받지 않고 여기저기에 자유롭게 날아다니다가 냄새 를 맡고 여기에 모였나 보다.

도둑갈매기들도 좋은 곳 한 자리씩 차지하고 앉아서 크릴을 포식하 고 있다. 도둑갈매기들이 터를 잡은 곳에는 남방큰재갈매기들이 감히 얼씬도 못한다. 이곳에서도 좋은 자리는 서열이 높은 종이나 개체가 차 지하는가 보다. 어린애들에게 양보 좀 하지……

크릴이 남극의 상위 포식자들을 먹여 살리는 주요 먹이생물로 알려 져 있지만 도둑갈매기나 갈매기들의 주식은 아니다. 남극반도 주변에서 남극도둑갈매기들은 남극은암치 등의 어류(Pietz 1987)를 남방큰재갈 매기는 삿갓조개류(Favero et al. 1997) 등을 주로 먹고 산다. 이들은 크 릴이 주로 서식하는 깊이까지 잠수를 하지 못하기 때문이다. 하지만 남 극의 바다는 가끔 크릴에게는 재앙을, 새들에게는 잔칫상을 보내주기도 한다. '그런데 너희들은 그거 먹고 배탈 안 나니?'

조류 배설물의 양면성

'맞으면 5년간 재수 옴 붙는다.'라는 말이 있을 정도로 새똥에 대한 사람들의 인식은 좋지 않다. 심지어는 '새똥 묻은 자리에는 머리카락이 빠진다.'라는 검증되지 않은 이야기들도 퍼져있고 차량에 새가 배설을 했을 때 빨리 닦아내지 않으면 그 부위가 변색되기도 하니 그리 좋은 이미지는 아니다. 국내에서는 백로나 왜가리의 집단번식지가 형성된 숲에서는 나무들이 말라 죽어가는 모습을 볼 수 있다. 그런데 우리가 흔히 알고 있는 새 배설물의 부작용은 사실 똥이 아니라 오줌에서 기인된다고 할 수 있다. 새들은 총배설강으로 대소변을 동시에 배출하는데 대부분 이렇게 나온 배설물을 모두 똥으로 오인하는 것이다.

기본적으로 동물의 체내에서 단백질이 분해되면 독성이 강한 암모니아가 생겨난다. 사람을 포함한 포유류는 암모니아(HN_3)를 독성이 약한 요소($(NH_2)_2CO$)로 전환시킨 후 물에 녹여 방광에 모았다가 체외로 배출한다. 이것이 우리가 흔히 알고 있는 오줌이다. 그런데 조류나 곤충은 물에 거의 녹지 않는 요산($C_5H_4N_4O_3$)형태로 오줌을 배출하는데, 새의 배설물에서 보이는 흰색 점성물질의 주성분이 바로 그것이다. 요산은 요소와는 달리 암모니아의 독성을 희석하는데 물을 거의 필요로 하지 않기 때문에 부피가 작은 흰색의 걸쭉한 형태로 배출된다. 그래서 새들에게는 액체상태의 오줌을 모아두는 방광이 없으며 배설물이 생기는 대로 자주 배출해 버린다. 이것은 새들이 하늘을 날기 위해 무게를 줄이

날아가면서 흰색의 오줌을 배설하는 남방큰재갈매기.
중간중간에 보이는 붉은 부분은 크릴껍질로
구성된 똥덩어리들이다.

1~2 알락풀마갈매기(1), 남방큰풀마갈매기(2)도 흰색의 오줌을 싼다.

는 방향으로 적응해온 산물 중 하나이다.

　남극에서도 새들의 서식지에 가면 흰색의 배설물을 쉽게 찾아볼 수 있다. 펭귄도 예외 없이 흰색의 오줌을 배출한다. 알이나 새끼를 품는 동안 자리를 비울 수 없기 때문에 앉은 자리에서 배설을 하다 보니 둥지를 중심으로 흰색의 오줌 줄기가 방사형으로 뻗어있다. 펭귄의 오줌에는 강산성의 요산뿐 아니라 아크릴산(acrylic acid, $C_3H_4O_2$)이나 옥살산(oxalic acid, $C_2H_2O_4$) 등 부식성이 강해서 피부나 눈에 닿으면 염증이나 화상을 일으키는 독성물질도 포함되어 있다. 펭귄이 오줌을 배설했던 자리 위의 이끼들이 누렇게 시들어가고 있는 것은 이 때문이다.

조류의 똥은 흰색의 오줌 속에 들어있는 덩어리들이며 색깔은 종이나 먹이에 따라 다르게 나타난다. 펭귄은 주로 크릴을 잡아먹고 소화가 되지 않은 껍질을 배설하기 때문에 붉은색 덩어리를 배출한다. 그래서 멀리서 펭귄마을을 바라보면 붉은색으로 보인다. 기온이 올라가면 주변의 눈과 땅이 녹아 진흙 밭이 되는데 그간 싸놓은 배설물들이 함께 뒤범벅된다. 새끼들이 그 위에서 뒹굴다 보니 온몸이 오물로 뒤덮인다. 간혹 포란할 때 어미의 발이나 배에 묻어있는 오물이 알 전체를 감싸 호흡구멍을 막는 바람에 알 내부의 새끼가 죽어버리는 경우도 있다.

하지만 펭귄의 배설물에 의존하여 번성하는 생물도 있다. 이 종들은 주성분인 질소와 인을 양분으로 사용하는 프라지올라(*Prasiola*) 속의 담수성 녹조류이다. 여름에는 눈과 얼음이 녹으면서 펭귄 번식지 인근의 토양을 촉촉이 적신다. 배설물도 물에 섞여 주변으로 퍼지면서 토양 위에 적절한 농도의 양분을 제공하기 때문에 이들이 번성할 수 있는 최적의 조건이 만들어지는 것이다. 펭귄의 배설물은 독성물질이면서 어떤 종에게는 생장에 필요한 비료가 되는 양면성을 지닌 물질이다.

냄새나고
지저분한 것도
다 쓸모가 있다고.

아이참.
부끄럽게 뭘 보고
있는 거예요!

이쯤 되면
청결은 포기한다.

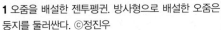

1 오줌을 배설한 젠투펭귄. 방사형으로 배설한 오줌은
둥지를 둘러싼다. ⓒ정진우
2~3 펭귄의 집단 번식지. 멀리서 바라본 펭귄의 번식
지는 온통 붉은 빛깔로 보인다.
4 노상방뇨 중인 턱끈펭귄. 알고 보면 독성물질이 포
함된 위험한 배설물을 배출 중이다. ⓒ임완호
5 오물에 둘러싸인 둥지. 배설한 오물은 결국 펭귄의
둥지까지도 침범한다. ⓒ정진우
6 오물범벅이 된 펭귄 무리. 기온이 오르면서 녹은 눈
과 오물이 뒤범벅되어 그 위를 뒹구는 새끼들의 온몸
을 뒤덮는다. ⓒ정진우
7 오물에 덮인 젠투펭귄의 알. 오물이 껍질 전체의 호
흡구멍을 막아 알 속의 새끼가 사망하는 경우도 있다.
ⓒ정진우

1∼2 펭귄이 배설한 자리. 이끼들은 누렇게 시들어간다. ⓒ김지희
3∼4 펭귄의 똥과 오줌에 의존하여 번성하는 프라지올라(3). 얼음이 녹으면 펭귄마을은 초록
색 잔디밭처럼 보인다(4). ⓒ정진우

보면 볼수록 기묘한 칼집부리물떼새

남극에 가보지 않은 사람들에게는 그곳에 살고 있는 모든 생물이 신기하게 보이겠지만, 10여 년간 킹조지섬에서 온갖 동물들을 접해본 나에게 가장 특이한 종을 꼽아보라고 한다면 나는 단연 '칼집부리물떼새(*Chionis albus*)'를 꼽을 것이다.

칼집부리물떼새는 남극에 서식하는 조류 중 유일하게 물갈퀴가 없는 종이다. 땅위에 있는 먹이를 부리로 쪼면서 걸어 다니는 행동 때문에 '남극의 비둘기'라는 애칭도 있다. 온몸이 흰색 깃털로 덮인 이 새는 속명(屬名, generic name)이 눈을 뜻하는 *Chionis*와 종소명(種小名, specific name)이 흰색을 뜻하는 *albus*로 구성된 학명을 부여받았다. 하지만 흰색에서 풍기는 깔끔하고 깨끗한 첫인상과는 달리 보면 볼수록, 알면 알수록 그와 상반된 이미지를 가진 새라는 것을 알게 된다.

먼저 칼집부리물떼새의 얼굴을 보자. 가까이에서 보니 참으로 독특하게 생겼다. 부리가 시작되는 부위에 각질로 된 덮개가 있는데 이 종을 처음 기록한 사람이 이것을 보고 칼집(sheath)을 연상한 것 같다. 칼집을 뜻하는 sheath와 부리를 뜻하는 bill이 합쳐진 sheathbill(칼집부리물떼새)이란 영어 이름을 얻은 이유를 짐작할 수 있다. 눈 주위를 포함한 얼굴에는 분홍색의 살갗이 드러나 있는데 마치 피부병에 걸린 것처럼 무사마귀 같은 돌기들이 퍼져 있다. 이 돌기들은 나이가 들수록 더 커진다고 한다.

남극에서 유일하게 물갈퀴가 없는 칼집부리물떼새.
멀리서 바라볼 때는 그리 특이해 보이지 않는다.

날개에는 손목에 해당하는 부위에 발톱처럼 보이는 돌기(carpal spur)가 돌출되어 있다. 이러한 돌기는 박차날개기러기(*Plectropterus gambensis*)가 포함된 기러기목(Anseriformes)뿐 아니라 칼집부리물떼새가 포함된 도요목(Charadriiformes)에 속하는 일부 종에서도 찾아볼 수 있다. 다른 조류에게서 보이는 돌기는 대개 뾰족한 발톱모양이며 싸울 때 사용한다고 알려져 있지만 칼집부리물떼새의 돌기는 둥글고 뭉툭하며, 아쉽게도 아직 그 기능이나 생물학적 중요성은 정확하게 밝혀지지 않았다.

생긴 것만큼 이들의 먹이도 남다르다. 턱끈펭귄 번식지에서 만난 녀석은 크릴껍질이 포함된 펭귄 똥을 열심히 쪼아 먹고 있다. 이 종은 펭귄도 소화시키지 못하고 배설한 크릴껍질을 소화시킬 수 있는 모양이다. 젠투펭귄 번식지에서는 썩은 펭귄의 알을 깨서 먹고 있다. 알을 깨는 순간 지독한 방귀냄새가 바람을 타고 내 코끝을 자극한다. 심지어는 턱끈펭귄의 총배설강(總排泄腔, cloaca)으로 배출된 기생충(Tapeworm)도 주워 먹는다고 한다. 나는 직접 보지 못했지만 기생충 연구자인 최성준 박사가 이 엽기적인 광경을 목격했다. 생각만 해도 온몸이 근질거린다.

외모에서 풍기는 이미지와 정반대의 생태적 특성을 보이는 칼집부리물떼새. 하지만 이러한 행동과 생태가 남극에 버려진 사체나 쓰레기를 청소함으로써 낭비되는 자원을 효율적으로 재활용하기 위한 것으로 이해한다면 이들이 달라 보이지 않을까? 하얀색의 깃털을 남극을 깨끗하게 청소하겠다는 의미의 상징으로 생각해 보자.

저는 아직 어려서
얼굴이 매끈매끈 해요.

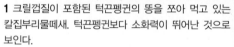

1 크릴껍질이 포함된 턱끈펭귄의 똥을 쪼아 먹고 있는 칼집부리물떼새. 턱끈펭귄보다 소화력이 뛰어난 것으로 보인다.

2~3 썩은 젠투펭귄의 알을 깨어 먹고 있는 칼집부리물떼새. 이들 섭식의 한계는 어디까지일까.

4~5 1년생 유조(4)와 성체(5) 칼집부리물떼새의 얼굴. 성체는 부리가 시작되는 부위에 칼집모양의 덮개와 무사마귀 같은 돌기가 퍼져 있다.

6~7 칼집부리물떼새 날개에 돋아난 각질의 돌기(6)와 극지연구소에서 소장하고 있는 칼집부리물떼새의 날개 표본(7). 돌기의 기능은 아직 밝혀내지 못했다.

8 턱끈펭귄의 총배설강에서 배출된 기생충의 일종 (tapeworm). 칼집부리물떼새는 다른 새의 기생충도 즐겨 먹는다. ⓒ정진우

새들도 콧물을 흘리네

　평소에 약한 비염을 앓고 있는 나는 콧물을 많이 흘리는 편이다. 특히 남극에서 바람을 맞고 다니면 나도 모르게 콧물이 흐른다. 찬바람이 코의 점막을 자극하기 때문이다. 콧물 때문에 항상 등산지팡이 손잡이에 손수건을 달고 다녔다. 그런데 이곳에 사는 조류들도 콧물을 흘리고 다닌다. 나처럼 비염을 앓고 있는 것일까?

　가끔 남극도둑갈매기와 갈색도둑갈매기의 부리 끝에 물방물이 맺혀 있는 것이 보인다. 잘 떨어져 나가지 않는 것을 보니 점성이 있는 액체인 것 같다. 다른 새들도 살펴보니 젠투펭귄, 칼집부리물떼새, 남방큰풀마갈매기, 남방큰재갈매기 할 것 없이 콧구멍에서 흘러나온 액체가 부리 끝으로 모여 물방울을 만들어낸다. 이 콧물의 정체는 무엇일까?

　답부터 알려준다면 이것은 소금물이다. 바닷새들은 염분이 많은 먹이를 먹기 때문에 과잉으로 섭취된 염분을 체외로 배출하는 독특한 기작을 발전시켰다. 이들은 체내에 흡수된 염분을 혈류를 통해 눈 위쪽에 위치한 코의 염류샘(nasal salt gland, 안와(眼窩) 염류샘, supraorbital gland이라고 한다.)으로 이동시킨다. 혈관 속의 염분은 분비세포(secretory cell)를 통해 분비세관(secretory tubule)으로 옮겨진 후 염류선(salt gland duct)을 통해 콧구멍으로 배출된다. 즉 이들은 감기나 비염을 앓고 있는 것이 아니니 걱정할 필요가 없는 것이다.

　우리도 짠 음식을 먹었을 때 물을 마셔 갈증을 해결하듯이 소금기가

콧물을 닦기 위한 손수건은 상시 대기.
필수 아이템이 되었다.

넘어진 거 아니에요!
목마르니까
말 시키지 마요.

1~6 콧물로 소금물을 배출하는 바닷새들(순서대로 젠투펭귄, 칼집부리물떼새, 남극도둑갈매기, 갈색도둑갈매기, 남방큰재갈매기, 남방큰풀마갈매기). 콧물을 흘리는 것도 바다에서 살아가기 위한 새들의 적응 방식이다. ⓒ정진우(1, 5), ⓒ한승필(6)

7 눈을 퍼먹는 아델리펭귄. 주변에 담수호나 마실 수 있는 물이 없었던 모양이다. ⓒ정진우

염류샘에서 보내진 소금물이 염류선을 따라 콧구멍으로 통해 체외로 분비. 흘러내린 소금물이 부리 끝에 맺힌 후 떨어져 나간다.

많은 먹이를 먹고 사는 바닷새들도 물을 마신다. 주변에 담수호가 있으면 갈증은 쉽게 해결할 수 있는 문제이지만 호수가 없거나 기온이 낮아 물이 얼어버리면 해결할 수 없게 된다. 어떤 녀석들은 주변에 쌓인 눈을 열심히 먹기도 한다. 하긴 나도 야외조사를 하다가 목이 마르면 가끔 빙산 조각을 녹여 먹곤 했다. 담수만 마신다면 콧물을 덜 흘리겠지만 남극에 사는 펭귄들은 바다에서 사냥을 할 때 입을 벌리거나 먹이를 삼킬 때 해수를 삼키게 된다. 그래서 펭귄들은 바다에서 육지에 올라왔을 때 콧물을 더욱 많이 흘린다. 새들은 짠 음식을 먹어도 고혈압 걱정이 없어서 좋겠다.

1 비염을 앓고 있는 나. 남극의 바람은 언제나 차다.
2 갈증을 해결하는 연구자. 빙산 조각은 새들뿐만 아니라 연구자
들에게도 때때로 식수를 제공한다.

제4부

뜻밖의 만남이
더욱 반가운 이유

제 고향은 북극인데,
남극으로 잠깐 휴가차나
쇠러 왔어요.

나이를 알 수 있는 남방큰재갈매기

남극에 들어갈 때쯤 되면 세종기지의 월동대원들에게 연락을 한다. "혹시 도둑갈매기 돌아왔어요?", "도둑갈매기같이 생긴 새가 떼로 날아다니는데 좀 이상해요. 갈색도 아니고 흰색, 회색, 검은색 등이 마구 섞여있어요." 나도 매우 궁금했다. '그분은 대체 무엇을 본 걸까?'

기지에 도착해서 새들의 정체를 파악하는 데에는 그리 긴 시간이 걸리지 않았다. 그들은 도둑갈매기들이 아니라 남방큰재갈매기들이었다. 다만 흔히 알고 있는 갈매기들과 생김새가 너무 달라서 알아보지 못했을 뿐이었다. 일반적으로 갈매기들은 연령에 따라 다른 형태의 모습을 하고 있다는 것을 아는 사람은 드물 것이다. 남방큰재갈매기도 당해에 태어난 병아리, 어린새, 1년생, 2년생, 3년생, 성조의 모습이 다 다르다.

알에서 태어난 병아리는 주변의 색과 유사한 솜털을 가지고 있다. 이 솜털이 빠지고 깃털이 자라 첫 털갈이 전까지의 어린 새를 유조(幼鳥, Juvenile)라고 한다. 유조는 몸 전체가 비늘무늬의 갈색 깃털로 덮여있다. 그해 태어난 병아리 중 세종기지를 떠나기 전까지 살아남은 녀석들이라 할 수 있다.

유조가 다음 해에 다시 이곳으로 돌아오면 1년생 '어린새'라 부른다. 부리는 검은색이고, 밝은 회색 바탕에 흑갈색의 점무늬가 날개와 몸통을 덮고 있다.

2년생의 몸통은 흰색이고 어깨 깃은 짙은 회색으로 덮여있다. 부리

1 갓 부화한 새끼. 은폐색의 솜털로 덮여있다.
2 걷기 시작한 새끼. 이들이 자라서 솜털을 벗고 깃털로 갈아입으면 유조가 된다.

사춘기에는 어두운 면도 있는 법이지.

1~2 갈색의 비늘무늬 깃털로 갈아입은 유조(1)와 날기 직전까지 성장한 유조(2). 살아남은 유조들은 떠날 준비를 한다.

3~4 1년생의 어린 남방큰재갈매기. 돌아온 남방큰재갈매기들은 한층 어두운 빛깔의 깃털로 덮여있다.

5~6 2년생의 남방큰재갈매기. 부리의 색이 1년생과의 가장 큰 차이점이다.

7 3년생의 남방큰재갈매기(붉은색). 성조(파란색)는 날개 깃 끝에 흰색 점이 있지만 3년생에게는 없다.

8 남방큰재갈매기의 성조. 번식지에서 흔히 만날 수 있는 모습이다.

어렸을 때랑은
전혀 다른 모습
이죠?

하늘을 나는 남방큰재갈매기 성조.
생김새로 나이를 알 수 있는 새는 흔치 않다.

는 노란색으로 변했는데 윗부리 끝부분에는 검은색, 아랫부리 끝부분에는 붉은색의 반점이 있다. 같은 연령이지만 검은색의 반점이 사라진 개체도 있다.

3년생은 성조와 거의 구분이 되지 않는다. 다만 날개 깃 끝에 흰색 점이 없거나 아주 작다.

4년생부터는 연령의 구분이 불가능하여 통틀어 성조로 분류한다. 이들의 외형은 어린새들에 비해 전반적으로 단정해 보인다. 몸통은 흰색이고, 등과 날개는 검은색에 가까운 회색이다. 샛노란 부리 끝에는 선명한 붉은색의 반점이 있다. 번식지에 가면 흔히 볼 수 있는 녀석들이다.

펭귄류, 도둑갈매기류, 풀마갈매기류 등의 다른 새들도 외형으로 연령을 구별할 수 있으면 좋겠지만 태어날 때부터 가락지를 부착해 놓지 않는 한 불가능하다. 하긴 사람들도 외형만으로 나이를 맞추는 것이 어렵기는 마찬가지이지만. 같은 나이라도 관리를 잘하면 동안으로 보일 테고, 그렇지 않으면 몇 살 더 많아 보이기도 하니까. 가끔 나보다 나이가 많아 보이는 외국인 연구자들을 정중히 모시기도 했는데 나중에 알고 보니 내가 그보다 연장자여서 억울했던 일도 있었으니 말이다.

매년 돌아오는
도둑갈매기와 연구자

매년 여름에 킹조지섬으로 돌아오는 새들을 대상으로 장기 생태연구를 하려면 내가 각각의 개체를 알아볼 수 있어야 한다. 하지만 단순히 외형차이로 개체를 구분한다는 것은 불가능에 가깝다. 도둑갈매기류, 펭귄류, 풀마갈매기류, 갈매기류 할 것 없이 무리 중에서 방금 본 녀석도 잠시 눈 한번 깜짝였을 뿐인데 도저히 다른 녀석들과 분간을 할 수가 없다. 그래서 학자들은 새의 다리에 개체인식 가락지를 부착한다. 이곳에서는 이미 독일, 미국, 러시아 등의 학자들이 부착한 가락지를 달고 다니는 도둑갈매기들을 심심치 않게 만날 수 있다.

세종기지에서의 조사 첫해에는 제대로 된 가락지를 준비할 시간이 부족하여 색깔 가락지를 가지고 갔다. 언제라도 포획하면 바로 부착할 수 있도록 가락지로 만든 목걸이를 항상 걸고 다녔다. 8가지 색으로 3개씩 한 조로 조합을 만들면 총 512개의 서로 다른 색 조합을 구성할 수 있다. 512 개체를 표시할 수 있을 정도면 충분할 것이라고 생각했다.

이 가락지의 문제는 약한 내구성이었다. 1년 후에 조사해 보니 가락지가 한 개 내지 두 개 정도 떨어져 나간 개체가 발견된다. 해가 갈수록 가락지가 떨어져 나가는 빈도는 높아져만 갔다. 다행히 두 번째 해에는 고유의 번호가 각인된 금속 가락지를 준비할 수 있었기 때문에 색깔 가락지가 사라져도 큰 문제는 없게 되었다. 다만 색깔 가락지 조합은 멀리

1~2 남극도둑갈매기(1)와 갈색도둑갈매기(2). 그 녀석이 그 녀석 같다.
3 우리 가락지를 부착한 남극도둑갈매기(좌)와 미국 가락지를 부착한 갈색도둑갈매기(우)

1~2 3색의 조합(1)이었으나 해가 지나면서 떨어져 나간 색깔 가락지(2). 색깔 가락지가 떨어져 나간 자리에 금속 가락지를 새로 부착했다(2).

3~4 미국 가락지(3)와 독일 가락지(4)를 부착한 채로 사망한 도둑갈매기. 가락지를 통해 신원파악이 가능하다.

5 가락지로 만든 목걸이. 언제라도 가락지를 부착할 수 있도록 만반의 준비를 갖췄다.

6 맨손으로 낚아챈 도둑갈매기. 날아가는 도둑갈매기도 잡을 만큼 포획 실력은 나날이 늘어간다.

7~9 갈고리를 사용하여 포획한 도둑갈매기. 이름 모를 할아버지에게 감사한 순간이다.

10~12 오랜만에 다시 만난 도둑갈매기. 가락지를 통해 과거에도 만났던 녀석임을 알 수 있었다.

오늘은 몇 마리나 만날 수 있으려나.

남극악마 '스쿠아킴'.
도둑갈매기들에게는 공포의 대상이다.

에서도 눈에 잘 띄기 때문에 개체를 한눈에 알아보기 쉬웠지만 금속 가락지에 새겨진 글자는 너무 작아서 쌍안경을 사용해도 알아보기가 어려웠다. 그래서 최종에는 색깔 가락지 조합을 포기하고 노란 바탕에 커다란 문자가 적혀있는 플라스틱 가락지로 대체했다. 이젠 멀리서도 글자가 잘 보인다.

가락지를 부착하려면 도둑갈매기들을 잡아야 한다. 무언가 특별한 포획장비를 준비해야만 했다. 예전 충남 청양의 산골마을에서 새를 조사할 때 힘없는 할아버지께서 철사로 대충 휘어 만든 도구로 닭의 발을 낚아채 잡는 것을 본 적이 있었다. 그 도구를 응용해서 도둑갈매기의 발목을 걸어 잡을 수 있는 갈고리를 고안했는데 효과 만점이었다. 하지만 나중에는 그것도 귀찮아져서 날아가는 녀석들을 손으로 잡아채는 경지까지 도달했다. 그 이후부터는 상황이 역전이 되어 도둑갈매기들이 나를 두려워하게 되어버렸다.

매년 이곳에 올 때마다 내가 달아준 가락지를 가진 녀석을 만나는 것은 반가운 일이다. 매년 같은 장소에서 만나던 녀석이 나타나지 않으면 서운할 정도이다. 10여 년간 수백여 마리의 도둑갈매기에게 가락지를 달아 놓았더니 이젠 누구와 누가 짝을 지었는지, 이혼을 했는지, 여기서 죽은 녀석이 누구인지 등에 대한 정보가 조금씩 쌓이기 시작했다.

나도 해마다 남극의 여름이 되면 세종기지를 찾아오는 철새 신세. 하지만 월동대원들은 1년 근무 후 다시 돌아온다는 기약이 없다. 내가 세종기지에서 처음 만났던 17차 월동대원하고는 한 달 가량 시간을 같이 보냈다. 이제 막 정이 들려고 하던 참에 기지를 떠났는데 어찌나 서운하던지. 친분을 쌓았던 몇몇 월동대원들과는 이곳에서 다시 만나기를 기

1~2 17차 월동대 진준 대원(1)과 그의 이니셜이 새겨진 가락지(2). 언젠가는 다시 만날 수 있을까.

원하며 도둑갈매기의 가락지에 그들의 이름을 새겨두었다. 이들 중 몇몇 분은 철새들처럼 다른 차대 월동대원이 되어 이곳을 다시 찾았다. 아직까지 이곳에서 재회를 하지 못한 분들은 잘 살고 계시려나? 모두들 다시 보고 싶다.

애틋해서 더 생각나는 잡종도둑갈매기

내가 최초로 남극 땅을 밟던 2004년 12월 5일. 세종기지에 도착했는데 시커먼 새 한 마리가 지붕 위에서 나를 바라보고 있었다. '네가 사납기로 유명하다는 그 도둑갈매기로구나! 반갑다. 앞으로 자주 만나게 될거야!'

그 후로 기지 주변에서 이 녀석을 자주 마주치게 되었다. 어떻게 그 많은 도둑갈매기들 사이에서 그 녀석인지 알 수 있었냐고? 그 녀석은 생김새가 좀 독특했다. 잘 살펴보면 부리 아래에 무언가가 튀어나와 있다. 처음에는 턱 밑의 깃털이 꼬여서 저런 모습이 되었을 것이라고 생각했다.

이곳에서 내가 담당하는 주요 작업 중 하나는 장기간의 생태조사를 위해 도둑갈매기들을 포획해서 몸 크기와 체중을 측정하고, 개체를 알아볼 수 있도록 다리에 가락지를 부착하는 일이다. 며칠 뒤에 이 녀석이 포획되었다. 녀석을 가까이에서 대면하는 순간 나는 경악을 금치 못했다. 턱 밑에 돌출되어 있는 것이 깃털이 아니라 '혀'였기 때문이었다. 어떤 이유에서인지는 모르겠으나 혀가 턱 밑의 피부를 뚫고 나와 있었고, 그 끝은 돌처럼 단단히 뭉친 채 굳어있었다. 꽤 오래 전부터 이런 모습으로 살아왔던 것 같았다. '너 지금까지 이 상태로 살아온 거니? 먹이는 어떻게 먹고 살았어?' 인간이었다면 수술이라도 해줬을 텐데 아무것도 해줄 수 없으니 안타깝기만 하다.

세종기지 지붕에서 나를 맞이하는 도둑갈매기.
턱 밑이 독특하게 생겼다.

게다가 이 녀석은 남극도둑갈매기도 갈색도둑갈매기도 아닌 정체가 모호한 도둑갈매기였다. 나중에 독일 예나대학의 한스 교수님께 사진을 보여드렸더니 두 종 사이에서 태어난 잡종이란다. 이래저래 특이한 녀석이다. 그런데 놀랍게도 이 녀석은 기지 근처에서 번식을 하고 있었다. 아주 멋진 갈색도둑갈매기 부인을 만나 둥지도 짓고 새끼도 키우면서 잘 살고 있었다. 어느 수컷 못지않게 힘찬 목소리와 함께 구애행동도 한다. 부부는 아주 오래 전부터 여기에서 만나 사랑을 싹틔워 왔던 것으로 보였다. 이후에도 이 둘은 거의 매년 이곳에서 번식하는 것이 확인되었다. 야생에서는 대개 잡종이 짝을 만나 자손을 남길 확률이 낮지만 아주 불가능한 것은 아니다. 잡종 개체가 부모 종과 번식을 하는 것을 역교배(back cross)라고 하는데 이곳에서 번식하는 도둑갈매기들 사이에서는 흔하게 관찰된다.

항상 세종기지에 가면 지붕 위에서 나를 맞아주던 그 녀석! 하지만 2012년 이후로는 더 이상 만날 수 없었다. 마지막으로 만났던 해에 비쩍 마르고 힘이 없어 보이더니 어느 날부터 기지에 나타나지 않았다. 나는 직감으로 그것이 무엇을 뜻하는지 알 수 있었다. '네가 생을 마감했구나!' 며칠 동안 주변을 둘러보았으나 어디에서 죽었는지 사체를 찾지 못했다. 다리에 달아두었던 가락지라도 찾을 수 있다면 좋으련만……. 녀석의 부인은 둥지가 있던 그곳을 계속 지키고 있다. 비록 배우자로서 선택받기 어려운 잡종이고 몸도 불편했겠지만 이를 극복하고 열심히 살아온 도둑갈매기에게 경의를 표한다.

남극에서 아주 오랫동안 알고 지내던 친구 하나를 떠나보내며…….

오랜 시간이 지나서 이제 아프지도 않은 걸.

1 녀석을 독특한 생김새로 보이게 했던 것의 정체. 턱 밑에 있는 것은 깃털이 아닌 피부를 뚫고 나온 혀였다.
2 혀를 움직일 때마다 밖으로 길게 노출되는 모습. 해 줄 수 있는 것이 없어 더욱 안타깝다.
3~4 잡종도둑갈매기 남편(3)과 갈색도둑갈매기 부인 (4). 매년 같은 곳에서 번식하는 것을 확인할 수 있었다.
5 둥지를 지키는 부부. 사이좋게 둥지를 지키고 있는 모습이 보기 좋다.
6 알을 품고 있는 갈색도둑갈매기 부인. 부부 사이에 서 태어난 새끼는 누구를 더 닮았을까.

남극에 찾아온 북극제비갈매기

남극의 여름은 남극제비갈매기가 번식하는 계절이다. 대부분의 제비갈매기류들은 번식기와 비번식기에 서로 다른 외형을 선보인다. 물론 번식기의 외형이 훨씬 멋지고 아름답다. 남극제비갈매기는 번식기에 부리와 다리가 선명한 붉은색으로 변한다. 머리의 위쪽도 모자를 쓴 듯 짙은 검은색 깃털로 뒤덮인다. 이러한 깃털을 혼인 깃(nuptial plumage) 또는 번식 깃(breeding plumage)이라고 한다.

그런데 가끔 남극제비갈매기들이 알을 품거나 새끼를 키우고 있을 무렵 비번식기에나 볼 수 있는 외형을 지닌 녀석들이 나타난다. '누구냐 넌?'

이들은 남극제비갈매기의 친척뻘인 북극제비갈매기이다. 북반구의 여름에 북극권에서 번식을 마치고 겨울이 되면 남반구로 이동하여 남극의 킹조지섬까지 오게 된 녀석들이다. 북극제비갈매기는 장거리 이동을 하는 조류로 유명한데, 그린란드 또는 아이슬란드에서 태어난 개체는 1년 동안 남북극을 왕복하기 위해 평균 79,000km, 최대 81,600km를 이동하는 것으로 알려져 있다(Egevang et al. 2010).

번식기에 관찰되는 북극제비갈매기의 외형은 남극제비갈매기와 유사하여 사진으로 구별하는 것은 매우 어렵다. 다만 두 종의 번식 시기가 서로 정반대이기 때문에 남극에서 관찰되는 두 종은 깃털과 부리의 색깔만으로도 구분이 가능하다. 이곳에서 관찰되는 북극제비갈매기들은

남극제비갈매기 무리.
가운데 개체는 거의 번식 깃으로 갈아입었고,
좌우 개체는 아직 비번식 깃을 지니고 있다.

©이창섭

제 고향은 북극인데,
남극으로 잠깐 휴가차
쉬러 왔어요.

나를 조심하란 이야기야.

1 남극의 봄이 되면 찾아오는 남극제비갈매기. 일부 개체들은 번식 깃으로 갈아입고 있는 중이다. ⓒ이창섭

2 비번식 깃의 북극제비갈매기. 남극제비갈매기와 비슷하게 생겼지만, 비번식 깃을 가졌기 때문에 구분할 수 있다.

3~4 번식기의 북극제비갈매기(북극 스발바르 제도 뉘올레순, 3)와 남극제비갈매기(4). 번식기에는 모두 머리 깃이 검은색, 부리와 다리는 붉은색이어서, 사진만으로 두 종을 구별하는 것은 거의 불가능하다. ⓒ이창섭

5~6 둥지 근처에서는 사나운 북극제비갈매기의 공격을 주의하라는 표지판(북극 스발바르 제도 롱이어비엔). 그 위에서 당당하게 자신의 존재감을 과시하고 있다.

7 민가 근처 소각 폐기물에 알을 낳은 북극제비갈매기

길가 자갈밭에 둥지를 튼 녀석의 공중폭격.
하지만 혈액채취는 꼭 필요한 일이다.

앗, 저 사람
북극에서 내 피 뽑은
사람이야! 도망가자!

1~2 킹조지섬을 방문한 북극제비갈매기. 가까이 다가가면 도망
치는 온순한 태도가 낯설다.

비번식 개체들로, 머리 윗부분을 덮고 있는 검은 깃털 분포형태가 다르
고 다리와 부리의 색은 검은색이다.

　나는 다산기지가 있는 북극의 스발바르 제도에서 북극제비갈매기
들을 만난 적이 있다. 아니 정확하게 말하자면 이 녀석들과 전쟁을 치렀
다. 조류 인플루엔자(Avian Influenza, AI)가 유행하던 2010년과 2011
년에 북극권에서 서식하는 종이 보유하고 있는 바이러스의 연구를 위
해 그곳에서 새를 포획하여 혈액을 채취했었다. 공격 시늉만 하는 남극

제비갈매기와는 달리 북극제비갈매기들의 공격은 매우 적극적이었다. 이 녀석들은 과감하게도 민가 근처에 둥지를 짓기도 한다. 마을을 지나가는데 달려들어 부리로 머리를 쪼아대니 사람들이 기겁을 한다. 그곳에서는 북극도둑갈매기들조차도 사나운 이 녀석들을 건드리지 않는 것 같아 보였다. 하지만 다른 사람들은 다 피해 다녀도 킹조지섬에서 도둑갈매기의 공격에 단련된 나는 눈 하나 깜빡하지 않았다. 오히려 머리에 달려들 때 손으로 포획하기가 수월했다. 그런데 조사가 끝날 무렵 머리가 가려워서 긁었더니 손톱에 검붉은 때가 끼었다. 부리에 찍힌 머릿속의 여러 부위에서 피가 송골송골 맺히다가 굳어버렸기 때문이다.

그곳에서 만난 녀석들 중 남극의 킹조지섬에서 다시 만난 녀석이 있을까? 북극에서는 그리 사납게 달려들던 녀석들이었는데 남극에서 만난 녀석들은 매우 온순하고 오히려 사람들을 피해 다닌다. 사람이나 동물이나 지켜야할 가족이 있을 때에는 무모할 정도로 과격하게 돌변하는가 보다. 나도 우리 가족에게 무슨 문제가 생기면 초인적인 힘을 발휘하려나?

세종기지를 방문하신 임금펭귄

"황제펭귄이다!"

2006년 2월 10일. 눈 섞인 보슬비가 내리던 날 기지가 갑자기 소란스러워졌다. 나도 아직 황제펭귄을 본 적이 없었던 터라 카메라를 들고 사람들이 모여 있는 곳으로 달려갔다. '드디어 황제펭귄을 알현하는구나! 여기에서는 못 볼 줄 알았는데.' 황제펭귄은 필데스반도에서는 몇 차례 관찰된 바가 있으나 바톤반도에서는 아직 출현 기록이 없는 종이다.

그런데 직접 만나보니 뭔가가 좀 미심쩍었다. '황제펭귄이 맞는 건가? 임금펭귄(Aptenodytes patagonicus) 같기도 하고…….' 두 종 모두 만난 적이 없어 확신할 수 없었다. 게다가 임금펭귄은 아남극권에 서식하고 황제펭귄은 남극권에 분포하는데 킹조지섬은 이들의 중간 지점에 위치하고 있으니 더더욱 혼란스러웠다. 명색이 조류연구자인데 나도 헷갈리는 상황인지라 대원들이 황제펭귄이 맞냐고 물어보기 전에 슬그머니 그 자리를 빠져나왔다. 실험실로 달려가 도감을 펼쳐보니 오늘의 방문객은 황제펭귄이 아닌 임금펭귄이었다. 돌아가서 대원들에게도 임금펭귄임을 확인시켜 주었다.

황제펭귄이든 임금펭귄이든 우리들에게는 세종기지를 방문한 귀한 손님이었다. 수많은 사람들 앞에서 기죽지 않고 당당하게 서있는 모습은 임금님의 위엄 그 자체였으며, 카메라 셔터 세례를 받으면서 우아하

세종기지에 소란을 불러온 임금펭귄.
황제펭귄을 닮았지만 엄연히 임금펭귄이다.

위풍당당한 임금펭귄. 기죽지 않고 당당하게 서있는 모습은 이름
그대로 임금님의 위엄을 닮았다. ⓒ극지연구소

게 걷는 모습은 국빈방문의 현장을 방불케 했다. 원래 아남극권에 서식
하는 펭귄인데 이동 중에 길을 잃어 멀리 남쪽인 이곳까지 내려오게 되
었나 보다.

　귀한 손님도 오래 머물면 대접받지 못하는 법. 임금펭귄은 며칠 동안
세종기지를 떠나지 않았다. 대원들도 이젠 별로 관심을 주지 않는다. 게
다가 밤마다 시끄럽게 울어대니 오히려 귀찮은 손님이 되어 버렸다. 어
느 날 갑자기 울음소리가 멈췄는데 '이제 기지를 떠났나 보네.'라며 모

1~2 임금펭귄과 황제펭귄의 외형 비교. 임금펭귄은 황제펭귄에 비해 부리의 곡선이 완만하고(붉은색) 귀 뒷부분은 짙은 오렌지색이며(파란색), 머리와 몸통 사이에는 흰 깃털이 통과하지 않는다(초록색).

3 임금펭귄의 얼굴. 황제펭귄과 임금펭귄은 얼굴 부분에서 차이를 알 수 있다.

4 위풍당당한 임금펭귄의 행진. 연구원들이 마치 수행원처럼 뒤를 따르고 있다. ⓒ극지연구소

5 저녁마다 울어대던 임금펭귄. 귀한 손님은 한순간에 구박덩어리로 전락했다. ⓒ극지연구소

6 이웃한 포터반도에 서식하고 있는 임금펭귄. 기지를 방문한 손님도 이곳에서 온 것이 아닐까. ⓒ정진우

멋있게 찍어 주세요.

너 정말,
황제펭귄 아니라고?

두들 대수롭지 않게 생각했다.

어느덧 시간이 흘러 2006년도 하계조사를 마치고 출남극을 위해 하루 일찍 바다를 건너가서 러시아 기지에서 하루를 묵었다. 잠자리에 들려고 하니 익숙한 울음소리가 들려온다. '아! 이분께서 이젠 러시아 기지 순방 중이신가 보다! 어디에 계신지 나가볼까? 아니야, 내년에 또 뵐 수 있겠지.' 하지만 그 이후로 나는 임금펭귄을 다시 알현하지 못했다. 그날 밤 한 번 더 만나볼걸. 진한 아쉬움이 남는다.

최근에는 남극권에도 임금펭귄의 번식기록이 확인되고 있다. 2009년과 2010년에 킹조지섬보다 북쪽에 위치한 엘리펀트섬에서 두 쌍이 번식했다는 사실이 알려졌다(Petry et al. 2013). 그리고 2012년과 2013년에는 바톤반도에 이웃한 포터반도의 스트레인저 포인트에서도 2011년 12월부터 임금펭귄 한 쌍이 번식해온 기록이 나타났다(Juáres et al. 2017). 정진우 박사는 확인 차 그곳에 가서 알을 품고 있는 임금펭귄의 사진을 찍어오기도 했다. 첫 번식 확인 1년 전(2010년과 2011년)에는 한 마리가 번식지 인근에서 며칠간 머물렀었고(Juáres et al. 2014), 2011년과 2012년부터는 한 쌍이 도래하여 알을 낳았으나 부화에는 실패했다. 그러다가 2014년과 2015년에 드디어 최초로 부화에 성공했다(Juáres et al. 2017). 남극권에서 이들의 출현과 번식 시도는 지구온난화와 더불어 서식지가 남쪽으로 확장되고 있는 전초 현상인지도 모르겠다.

어인 일로 여기까지 오셨나?

새들 중 많은 종은 계절이 바뀌면 장거리 이동을 시작한다. 우리는 이들을 철새라고 부른다. 그런데 이동을 하는 중에 태풍을 만나거나 다양한 이유로 무리를 이탈하여 자신이 가려던 길을 잃는 새도 있기 마련이다. 이러한 새들을 미조(迷鳥, vagrant)라고 한다. 그런데 남미에 사는 새들 중 길을 잃어 남극까지 오게 된 새들도 있다.

내가 남극 조사를 처음으로 시작하던 2004년에 남극도둑갈매기 둥지에서 가늘고 긴, 그리고 날카로운 발톱이 달려있는 새의 다리를 발견했다. 죽은 지 오래되었는지 미라처럼 바짝 말라 있었다. 첫 발견 당시에는 도저히 이 새의 정체를 알아낼 수 없었다. 내가 알고 있는 바로는 이곳에 사는 새 중 물갈퀴가 없는 새는 칼집부리물떼새 한 종뿐이었기 때문이다. '대체 뭐지? 궁금해서 미치겠네.' 그해의 조사를 마치고 남극을 떠나기 전에 러시아 기지에서 만난 독일 예나대학의 한스 교수님께 여쭈어보니 "어 그거. 그냥 황로(*Bubulcus ibis*) 다리야."라고 하신다. 뒤통수를 한 대 제대로 맞은 듯했다. '내가 한 번도 보지 못했던 새라고 생각했는데 한국에서 그리 흔하게 보아왔던 황로였다니.' 알고 보니 이 새는 킹조지섬에서 여러 번 관찰된 기록이 있었다.

2006년에는 세종기지에 들어가기 직전인 11월 초 즈음에 월동대원으로부터 사진 속의 새가 어떤 종인지 알려달라는 메일을 받았다. 나는 두 눈을 의심했다. '어, 이거 집참새(*Passer domesticus*) 같은데……. 에

남극도둑갈매기의 둥지에서 발견된 정체불명의 다리. 알고 보니
한국에서도 흔하게 볼 수 있는 황로의 다리였다. ⓒ곽호경

이, 설마. 아무렴 남극에 참새가 있을 리가 있나.' 혹시나 해서 한스 교수
님께 문의했더니 집참새가 맞다고 하신다. 또 한 번의 뒤통수 가격. 기
지에 도착하자마자 대원들에게 자초지종을 물어봤더니 바다 건너 필데
스반도에 위치한 우루과이 기지 아르띠가스에 화물선이 왔었는데 그
이후부터 세종기지에 집참새가 나타났다는 것이다. 아마도 그 배를 타
고 남미에서 이곳까지 오게 되었나 보다. 하지만 이미 집참새는 세종기
지에 없었다. 기지 근처에서 며칠 정도 보이더니 도둑갈매기가 이곳으

2006년 10월 29일, 세종기지에 나타난 집참새. 남극에서 또 보기는 어려울 것 같다. ⓒ정상준

로 돌아올 즈음에 사라졌다고 한다. 한 대원이 도둑갈매기 뱃속에 있을 것 같다고 했다. 일리 있는 의견이다. 추위에 떨고 굶주려서 잘 날지도 못했을 테니 도둑갈매기들이 그냥 두지는 않았을 거다. 그런데 집참새는 길을 잃고 여기까지 날아온 것이 아니라면 순간의 호기심으로 배를 탔다가 어쩔 수 없이 오게 된 아주 특별한 경우일 것이다.

2013년에 기지를 방문했을 때에는 26차 월동대 정귀성 대원이 사진 한 장을 보여주며 새 이름을 알려달란다. 초점이 맞지 않아 희미했지만 영락없는 오리류나 기러기류였다. 칠레홍머리오리(*Anas sibilatrix*; Trivelpiece et al. 1987)였다. 혹시 킹조지섬에서의 첫 기록이 될지도 모른다고 했더니 한국에 가면 밥 한번 사란다. 그런데 인터넷으로 열심히 검색해보니 킹조지섬에서는 이미 칠레홍머리오리를 비롯하여 검은목

찍지 마세요. 저는 가끔 이곳에 올 뿐이라니까요.

1~3 집참새 수컷(1)과 암컷(2) 그리고 새끼(3)의 모습. 남극을 제외한 거의 모든 곳에 산다. ⓒ조현준(1, 2)

4 2013년 10월 18일, 세종기지를 방문한 칠레홍머리오리. 때때로 무리를 이탈하여 남극에 찾아오는 손님이다. ⓒ정귀성

고니(*Cygnus melancoryphus*; Sierakowski 1991, Lesiński 1993), 노랑부리고방오리(*Anas georgica*; Trivelpiece et al. 1987) 등이 관찰된 기록이 있었다. 결국 밥 사주는 것은 없었던 일로……

왔던 곳으로 돌아가지 못하면 세종기지에 왔던 황로나 집참새처럼 춥고 외딴 남극에서 비극적으로 삶을 마감해야 할 것이다. 하지만 장거리 이동 중에 발생하는 새들의 이탈은 이들이 새로운 서식지를 개척하는 첫 단계가 되기도 한다. 지구온난화가 계속 진행된다면 실수로 남극에 왔다가 이곳 환경에 적응하여 계속 찾아오는 새도 생기지 않을까? 남극의 추운 환경에서 살아왔던 펭귄이나 도둑갈매기들에게 그리 좋은 소식은 아닐 것이다. 게다가 매나 수리 종류가 들어오기라도 한다면?

참고문헌

<u>프롤로그</u>

Lisovski S., Pavel, V., Weidinger, K., Peter, H.-U. 2009. First breeding record of the light-mantled sooty albatross (*Pheobetria palpebrata*) for the maritime Antarctic. Polar Biology 32: 1811-1813

Shirihai, H. 2008. The complete guide to Antarctic wildlife. Second edition. Princeton University Press, Princeton, New Jersey

<u>펭귄마을에 닥친 시련</u>

Booth, D.T. 1987. Effect of temperature on development of malleefowl *Leipoa ocellata* eggs. Physiological Zoology. 60: 437–445

Engstrand, S.M., Bryant, D.M. 2002. A trade-off between clutch size and incubation efficiency in the barn swallow *Hirundo rustica*. Functional Ecology. 16: 782–791

Haftorn, S. 1986. A quantitative analysis of the behaviour of the Chinstrap penguin *Pygoscelis antarctica* and Macaroni penguin *Eudyptes chrysolophus* on Bouvetøya during the late incubation and early nestling periods. Polar Research 4: 33–45

Székely, T., Karsai, I., Williams, T.D. 1994. Determination of clutch-size in the Kentish plover Charadrius alexandrinus. Ibis 136: 341–348

<u>야생은 시련을 극복한 자들의 세상이다</u>

Stirling, I., Ross, J.E. 2011. Observations of cannibalism by polar bears (*Ursus maritimus*) on summer and autumn sea ice at Svalbard, Norway. Arctic 64: 478-482

<u>바다의 폭군도 자연의 순리를 따른다</u>

Hocking, D.P., Evans, A.R., Fitzgerald, E.M.G. 2013. Leopard seals (*Hydrurga leptonyx*) use suction and filter feeding when hunting small prey underwater. Polar Biology 36: 211–222

<u>호랑이는 죽어서 가죽을 남기고</u>

Kittel, P. 2001. Inventory of whaling objects on the Admiralty Bay shores (King George Island, South Shetland Islands) in the years 1996-1998. Polish Polar Research 22(1): 45-70

<u>지구온난화의 수혜자 남방큰재갈매기</u>

Lee, W.Y., Kim, H.C., Han, Y.D., Hyun, C.U., Park, S., Jung, J.-W., Kim, J.-H.. 2017 Breeding records of kelp gulls in areas newly exposed by glacier retreat on King

George Island, Antarctica. Journal of Ethology 35:131-135

갈색도둑갈매기와 펭귄의 불편한 동거

Hahn, S, Peter, H.-U. 2003. Feeding territoriality andthe reproductive consequences in brown skuas *Catharacta antarctica lonnbergi*. Polar Biology 26: 552–559

진흙탕 위에서 벌어진 갈색도둑갈매기의 혈투

Furness, W. 1987. The Skuas. T & A D Poyser, Calton, United Kingdom

Furness, W. 1966. The Stercorariidae. Pages 556-571 in Handbook of the birds of the world, vol.3 (J. del Hoyo, A. Elliot, and J. Sargatal, Eds.). Lynx Edicions, Barcelona

붉은 해변에 찾아온 식객

Fuentes, V., Alurralde, G., Meye,r B., Aguirre, G.E., Canepa, A., Wölfl, A.-C., Hass H.C., Williams, G.N., Schloss, I.R. 2016. Glacial melting: an overlooked threat to Antarctic krill. Scientific Reports 6:27234

Favero, M., Silva, P., Ferreyra G., 1997. Trophic relationships between the kelp gull and the Antarctic limpet at King George Island (South Shetland Islands, Antarctica) during the breeding season. Polar Biology 17: 431-436

Pietz, P. J. 1987. Feeding and nesting ecology of sympatric south polar and brown skuas. The Auk, 104, 617-627

남극에 찾아온 북극제비갈매기

Egevang, C., Stenhouse, I.J., Phillips, R.A., Petersen, A., Fox, J.W., Silk, J.R.D. 2010. Tracking of Arctic Terns *Sterna paradisaea* reveals longest animal migration. Proceedings of the National Academy of Sciences of the United States of America 107(5): 2078-2081

세종기지를 방문하신 임금펭귄

Juáres, M.A., Negrete, J., Mennucci, J.A., Perchivale, P.J., Santos, M., Moreira E., Corea, N.R. 2014. Further evidence of king penguins' breeding range extension at the South Shetland Islands? Antarctic Science 26(3): 261-262

Juares M.A., Ferrer, F., Coria, N.R., Santos, M. 2017. Breeding events of king penguin at the South Shetland Islands: Has it come to stay? Polar Biology 40: 457-461

Petry, M.V., Basler, A.B., Valls, F.C.L. Krüger, L. 2013. New southerly breeding location of king penguins (*Aptenodytes patagonicus*) on Elephant Island (Maritime Antarctic). Polar Biology 36, 603–606

찾아보기

남극생물학자의 연구노트 01

사소하지만 중요한
남극동물의
사생활 -킹조지섬 편

The Private Life of Antarctic Wildlife
-King George Island

초판 1쇄 인쇄 2018년 12월 28일
초판 1쇄 발행 2019년   1월 18일

글쓴이   김정훈

펴낸곳   지오북(**GEO**BOOK)
펴낸이   황영심
편집   문윤정, 전슬기, 추경미
디자인   김정현

주소   서울특별시 종로구 사직로8길 34, 오피스텔 1018호
(내수동 경희궁의아침 3단지)
Tel_02-732-0337 Fax_02-732-9337
eMail_book@geobook.co.kr
www.geobook.co.kr
cafe.naver.com/geobookpub

출판등록번호   제300-2003-211
출판등록일   2003년 11월 27일

ⓒ 김정훈, 지오북(**GEO**BOOK) 2018
지은이와 협의하여 검인은 생략합니다.

ISBN 978-89-94242-62-0 03490